2010年教育部人文社会科学基金项目"新疆伊斯兰陵墓建筑艺术研究"成果,课题编号:10YJC760049
2013年新疆师范大学自治区重点学科招标课题"新疆伊斯兰建筑艺术史研究"成果,课题编号:13XSQZ0512
新疆师范大学自治区重点学科项目基金资助

新疆伊斯兰陵墓建筑艺术

马诚 著

中国建筑工业出版社

图书在版编目（CIP）数据

新疆伊斯兰陵墓建筑艺术/马诚著.—北京：中国建筑工业出版社，2015.12
ISBN 978-7-112-17612-0

Ⅰ.①新… Ⅱ.①马… Ⅲ.①伊斯兰教-陵墓-建筑艺术-研究-新疆
Ⅳ.①TU251.2

中国版本图书馆CIP数据核字（2014）第286387号

责任编辑：唐　旭　李成成
责任校对：姜小莲　张　颖

新疆伊斯兰陵墓建筑艺术
马诚　著

*

中国建筑工业出版社出版、发行（北京西郊百万庄）
各地新华书店、建筑书店经销
北京嘉泰利德公司制版
北京云浩印刷有限责任公司印刷

*

开本：787×1092毫米　1/20　印张：$4\frac{2}{5}$　字数：160千字
2016年6月第一版　2016年6月第一次印刷
定价：**29.00**元
ISBN 978-7-112-17612-0
（26802）

版权所有　翻印必究
如有印装质量问题，可寄本社退换
（邮政编码 100037）

前 言

中国古代具有"人死而灵魂不灭"的传统说法。在千百年的历史进程中，中国传统陵墓建筑在选址和设计建造中都倍加慎重与精心，产生了许多举世罕见的大型帝后陵墓群；且又在历史演变中，受文化传统、生活习俗和技术手段的限定，不同地域、不同信仰的民族存在各自的文化差异。新疆伊斯兰陵墓建筑（又称"麻扎"，阿拉伯语音译）就是中国古代陵墓建筑的一部分，是伊斯兰教专供安葬和祭祀悼念亡人使用的专门建筑类型，作为伊斯兰教信仰民众来说，不仅寄托了对逝者的悼念，也是对逝者生前身份、宗教地位的体现，其建筑形制、装饰类型、材料工艺与自然环境融于一体，传达了逝者的夙愿。

随着时代的高速发展，新疆伊斯兰陵墓建筑艺术似乎从人们的视线中慢慢模糊，笔者进行实地考察过程中发现，许多珍贵的新疆伊斯兰陵墓建筑形制、装饰纹式、材料工艺都在悄然消失，有一部分几乎无法找到任何原始资料和线索。究其缘由，首先传统的陵墓建筑及丧葬文化已无法适应现代社会的需求，其次是对新疆伊斯兰陵墓建筑艺术的文化价值保护意识还不够。本书则针对其重点进行研究分析，挖掘新疆地区独有的陵墓建筑艺术文化，唤起人们对新疆传统文化古迹与文物的保护和研究意识。

目前，随着对西部区域文化研究的重视，新疆的伊斯兰建筑艺术已被诸多学者关注。国家有关部门也加大了相应研究项目立项与资金投入，这充分说明了新疆伊斯兰建筑文化艺术在新疆历史发展中的重要地位。根据调查，以新疆伊斯兰陵墓建筑艺术作为案例研究的成果暂无专著，但针对伊斯兰建筑的综合性研究还是比较广泛的，如历史学方面、建筑学方面、人文地理学等领域，有一定的学术研究成果。这些研究成果有效地丰富了伊斯兰建筑艺术的研究成果资料，为研究"新疆伊斯兰陵墓建筑艺术"给予了十分重要的启发作用及借鉴资料。本书将立足于前人研究，在此基础上专注于新疆伊斯兰陵墓建筑艺术的深化研究。

首先关于新疆伊斯兰陵墓建筑的专题研究体现在建筑学、艺术设计学、社会科学领域的主要相关著作有：刘致平先生所著的《中国伊斯兰教建筑》和《新疆维吾尔建筑装饰》，这两部书中的部分内容有阐述新疆伊斯兰陵墓建筑艺术发展史的内容及图片，全书图文并茂，其最大的价值在于大量列举了新疆各地区的伊斯兰陵墓建筑的实例说明，具有较强的代表性。张胜仪所著《新疆传统建筑艺术》和《新疆传统建筑图集》，从建筑学角度详尽地介绍了新疆伊斯兰陵墓发展的历史、建筑布局、装饰、构造等，配以实地调查测绘、确切的文字介绍、大量的数字说明以及对于建筑细节装饰的资料图片，是一部内容权威的资料性著作，对研究新疆伊斯兰陵墓建筑的历史发展脉络有极高的参考价值。左力光先生所著《新疆伊斯兰建筑装饰艺术》，从设计艺术学视角研究了新疆伊斯兰建筑装饰艺术。该书从新疆伊斯兰建筑艺术的装饰纹样、色彩、材料工艺等多方面，分类剖析了新疆伊斯兰建筑的装饰艺术风格特征，书中有部分内容是关于新疆伊斯兰陵墓建筑实地调研的案例和分析研究。全书图片资料丰富，内容深入，不失为一本参考价值较高的著作。杨道明所著《中国陵墓建筑》对新疆比较典型的两个伊斯兰陵墓建筑进行了介绍，但由于篇幅较短，案例分析数量略显不足。热依拉·达吾提所著《维吾尔族麻扎文化研究》从社会科学角度研究新疆伊斯兰陵墓建筑的文化现象，对于新疆维吾尔族陵墓建筑的历史、分类等有较为完备的介绍。以上著作是从不同角度分别对新疆不同地区、不同民族的伊斯兰陵墓（麻扎）的文化、建筑艺术等方面分别进行文字介绍。除此之外，还有少量探索发现、旅游纪实、艺术摄影类书籍对新疆伊斯兰陵墓建筑艺术有少量文字及图片的表象介绍与分析。

其次还有一些学术期刊论文和学位论文对此主题有些详细的论述：董文弼先生撰写的论文《论新疆麻扎》发表在1933年五卷三期《新亚细亚》。墨骥、敏昶撰写的论文《伊斯兰陵墓建筑艺术》发表在《中国宗教》。新疆大学宋超、李丽、路霞、阿里木江·马克苏提的国家自然科学基金项目研究阶段性论文《新疆斯兰教麻扎墓室建筑的类型研究》和《新疆伊斯兰教麻扎建筑艺术特色浅析》分别发表在《西部考古》和《城市建筑》。还有新疆大学张睿的硕士学位论文《新疆伊斯兰麻扎建筑艺术研究》等期刊论文和学位论文，它们都从不同角度研究了新疆伊斯兰陵墓建筑（麻扎）艺术、特色及装饰。

国外对于伊斯兰建筑艺术的研究成果颇丰，虽然新疆伊斯兰陵墓建筑中拥有大量源自西方的建筑艺术元素，但国外还未出现专门研究新疆伊斯兰陵墓建筑艺术的专著或论文，在其领域的研究主要是对世界伊斯兰建筑艺术的理论体系和学术著作，例如：杨昌鸣先生等人翻译、美国著名学者约翰·D·霍格先生撰写的著作世界建筑史丛书《伊斯兰建筑》，由中国建筑工业出版社于1999年3月出版。该书主要从伊斯兰教最有影响力的地区和国家出发，途经西班牙、北非、埃及、波斯直至中东的奥斯曼帝国时代、印度的莫卧儿王朝等为具体研究对象，以当地的文化遗产及文脉背景为重点进行分类考察研究，对伊斯兰建筑的发展历史作了较为全面的评述。日本著名艺术研究学者城一夫先生著《东西方纹样比较》，从文化比较研究的角度出发，对纹样的缘起由来也作了较为详尽的历史介绍，同时对东西方装饰纹样进行了比较深刻的探讨。除此之外，因受地域、国家的局限，尚未查到更多的相关专著及论文。

　　本书将收纳自伊斯兰教传入新疆，不同时期具代表性的伊斯兰陵墓建筑艺术的原始资料，将类型学、图形学、符号学原理应用于本次研究中。研究分为以下几部分内容：其一，对新疆伊斯兰陵墓建筑艺术的研究背景、文献资料、研究方法进行介绍，提出本次研究的创新观点与不足之处的解决方案；其二，对新疆伊斯兰陵墓建筑的产生背景和历史变迁进行阐述；其三，从地理学角度对新疆伊斯兰陵墓建筑分布模式进行考证；其四，从建筑学角度对新疆伊斯兰陵墓建筑等级进行分类研究；其五，将新疆伊斯兰陵墓建筑艺术特征进行分类论述，总结其形制风格、装饰特征、材料工艺的特点；最后论述新疆伊斯兰陵墓建筑的"文化综合体"现象，从多元文化构成中分析研究，并提出结论。

　　综上所述，新疆伊斯兰陵墓建筑艺术是世界伊斯兰建筑中不可分割的一部分，它是本土文化与西方文化及中原文化交融合璧的产物，其建筑形制、装饰纹样、材料工艺元素蕴藏着丰富研究价值。从上述国内外研究成果来看，尚未出现有关新疆伊斯兰陵墓建筑艺术图文并茂的独立学术著作，本书将对新疆陵墓建筑形制、装饰及材料工艺等方面进行全方位的学术研究，力求有所建树。

目　录

前言

第一章　绪论	001
第二章　古代西域伊斯兰教传入的历史变迁与发展	005
第一节　9世纪末伊斯兰教初始西域	005
第二节　10世纪至16世纪的推广发展时期	007
第三节　伊斯兰教在西域的鼎盛时期	008
第三章　新疆伊斯兰陵墓建筑分布的基本模式	010
第一节　陵墓集聚城市乡村中心的点状分布模式	010
第二节　陵墓围绕沙漠区域的散状分布模式	011
第三节　陵墓环绕交通路线的带状分布模式	012
第四章　新疆伊斯兰陵墓建筑的等级分类	014
第一节　葬有皇室贵族及殉教徒的陵墓	014
第二节　葬有伊斯兰教先贤及传教人员的陵墓	015
第三节　葬有著名学者及民间艺人的陵墓	016

第五章　新疆伊斯兰陵墓建筑形制风格与装饰特征 …… 018

第一节　墓室建造结构风格特征 …… 018
一、阿拉伯式 …… 018
二、民居式 …… 020
三、中原汉式 …… 022
四、多元融合式 …… 022

第二节　墓室界面的装饰图元 …… 023
一、蓝白青花瓷琉璃砖饰 …… 023
二、几何纹、植物纹和文字纹的交织运用 …… 027
三、色彩装饰寓意传达 …… 030

第六章　新疆伊斯兰陵墓建筑"文化综合体"现象 …… 035

第一节　佛教窣堵坡与新疆传统结构之缘 …… 035
第二节　东伊朗系统的砖石拱顶的东渐 …… 036
第三节　与汉地砖木雕刻发展的相互渗透 …… 038
第四节　陵墓建筑文化的公共艺术现象 …… 039

第七章　典型新疆伊斯兰陵墓建筑图片赏析 …… 041

第一节　香妃墓（即阿帕克霍加麻扎） …… 041
第二节　莎车王陵墓（即阿勒屯鲁克麻扎） …… 046
第三节　速檀·歪思汗陵墓 …… 050
第四节　哈密回王陵 …… 052
一、陵墓建造风格的多元融合 …… 052
二、陵墓界面设计的装饰纹样 …… 053
第五节　盖斯墓 …… 057
第六节　吐虎鲁克·铁木尔汗陵墓 …… 059
第七节　默拉纳额什丁陵墓 …… 063

第八节　萨图克·布格拉汗陵墓⋯⋯⋯⋯⋯⋯⋯⋯⋯⋯⋯⋯⋯⋯⋯⋯⋯⋯⋯⋯⋯⋯⋯⋯⋯⋯⋯⋯⋯ 067
第九节　奥达木陵墓⋯⋯⋯⋯⋯⋯⋯⋯⋯⋯⋯⋯⋯⋯⋯⋯⋯⋯⋯⋯⋯⋯⋯⋯⋯⋯⋯⋯⋯⋯⋯⋯⋯ 068
第十节　玉素甫·哈斯·哈吉甫陵墓⋯⋯⋯⋯⋯⋯⋯⋯⋯⋯⋯⋯⋯⋯⋯⋯⋯⋯⋯⋯⋯⋯⋯⋯⋯⋯ 069
第十一节　阿不都热合曼王陵⋯⋯⋯⋯⋯⋯⋯⋯⋯⋯⋯⋯⋯⋯⋯⋯⋯⋯⋯⋯⋯⋯⋯⋯⋯⋯⋯⋯⋯ 071
第十二节　吐峪沟麻扎村⋯⋯⋯⋯⋯⋯⋯⋯⋯⋯⋯⋯⋯⋯⋯⋯⋯⋯⋯⋯⋯⋯⋯⋯⋯⋯⋯⋯⋯⋯⋯ 072

第八章　结语⋯⋯⋯⋯⋯⋯⋯⋯⋯⋯⋯⋯⋯⋯⋯⋯⋯⋯⋯⋯⋯⋯⋯⋯⋯⋯⋯⋯⋯⋯⋯⋯⋯⋯⋯⋯⋯⋯ 074

参考文献⋯⋯ 076
后记⋯⋯ 078

第一章 绪论

新疆历史上被称为"西域",是古代"丝绸之路"东西方的交通要道,千年来同中亚、西亚和欧洲甚至非洲的交流联络,陆路交通几乎都通过新疆,同时多元文化的交汇、融合、影响、发展于此,这为新疆古代"丝绸之路"文化在世界文化史上画下浓墨重彩的点睛之笔。公元9世纪末10世纪初,伊斯兰教传入新疆之后的几个世纪里,伊斯兰教在政治统治阶级的大力推行下,逐渐有序地传播到新疆天山南北各地区,最终于公元16世纪初取代了佛教成为新疆的主要宗教。

随着伊斯兰教在新疆的传播和盛行,其建筑艺术在新疆也得到了迅速发展,伊斯兰陵墓(又称"麻扎",阿拉伯语,又译为"玛杂尔"、"麻乍尔"等,原意为"访问"、"探望",现转意为"圣灵之地"、"伟人之墓",先贤之坟,原指伊斯兰教"苏非派"长者的陵墓,现主要指伊斯兰教著名贤者的陵墓[①]),伊斯兰教信徒们颇为重视设计建造"麻扎",是因为伊斯兰"麻扎"不仅是单纯埋葬逝者的地方,而是伊斯兰教信徒们重要的宗教活动场所之一,是伊斯兰教信徒朝拜和祈祷的地方。新疆伊斯兰陵墓建筑反映了由原始的、单纯的"丧葬"活动嬗变到拜谒贤哲、进行宗教礼仪的文化现象。目前,新疆伊斯兰"陵墓"已成为新疆伊斯兰建筑文化的重要组成部分,它以独特的建筑形制及装饰,传达了当地民族的审美文化(图1-1~图1-4)。

新疆伊斯兰陵墓建筑作为古西域传统"丧葬"文化的一种体现,呈现出历史信仰转变的过程,并逐渐孕育新疆少数民族特定的文化圈。其中融入了本土文化和中原文化,形成了新疆伊斯兰陵墓建筑的纪念性、标志性意义。新疆地区信仰伊斯兰教的主要民族有维吾尔族、哈萨克族、回族、塔吉克族、柯尔克孜族、乌孜别克族、塔塔尔族等,他们分布在新疆天山南北各地区,本书将对这些民族及地区已有的古代传统伊斯兰陵墓建筑实体的历史文化价值进行研究、采集、考证。

纵观新疆各地区的伊斯兰陵墓建筑,从基本形制上看多用尖顶、圆顶、穹窿等拱券结构形制,平面布局以四合院形式为主导,常用几何纹样、植物纹样和文字书法纹样三个基本纹样元素进行点缀装饰。强调整齐与对称、重复与连续、密集与复杂的

---

① 编委会.中国各民族宗教与神话大词典.[M].北京:学苑出版社.1990,610.

图 1-1 阿帕克霍加麻扎（民间称香妃墓）

图 1-2 古老的伊斯兰陵墓建筑

图 1-3 新疆民间伊斯兰陵墓

图 1-4 玉素甫·哈斯·哈吉甫陵墓

纹样装饰表现形式，图形与符号种类繁多，姿态各异，是地域文化生活的追求，也是艺术设计中节奏、虚实、集聚等审美理念的建构，更是抽象、平面、寓意联想等思维方式的表达。提取陵墓建筑中的纹样形式及装饰手法，为现代艺术设计领域提供可资借鉴的装饰溯源和繁荣旅游产业的应用价值。

近几年国际社会对传统文化遗产保护的认识逐渐增加，保护区域传统文化遗产的意识逐渐加强。新疆作为我国伊斯兰陵墓建筑的主要覆盖地区，现存大量古老的伊斯兰陵墓建筑，是地域性文化艺术的重要载体。本书通过界定新疆伊斯兰陵墓建筑艺术的遗产内涵，总结其遗存的文化特征，对文化遗产保护的原因进行分析及保护措施（图1-5~图1-7）。

图 1-5 喀什白麻扎

图 1-6 吾斯曼·布格拉汗陵墓

图 1-7 库车大寺麻扎

现代艺术设计实践环节对传统文化元素提取的实际需要，是弘扬民族文化艺术的十分有效的传播途径，也是有效提升现代艺术设计文化品位的绝佳手段。当下已有越来越多的设计师在关注传统文化元素的现代艺术价值，并认识到在现代设计中对传统视觉符号提取应用的市场发展前景。新疆伊斯兰陵墓建筑艺术内涵丰富、形式多样、流传久远，其中包含丰富的设计元素和方法，是东方文化的宝贵财富。把握其陵墓建筑的文化内涵，为现代艺术设计赋予一定的文化语境。

本书将探讨新疆伊斯兰陵墓建筑艺术的起源、发展、形成及演变过程，对其形制建构、民族审美以及社会环境，进行时间与空间、纵向与横向的多方位、多层次的比较研究。为历史学、民族学、考古学、文化人类学和相关学科提供重要的学术研究资料。依据目前现代艺术设计实践的需要,对新疆陵墓建筑的形制、装饰纹样、材料工艺三方面进行深入研究,以丰富现代设计视觉元素,进而让更多的人了解新疆民族及伊斯兰陵墓文化的渊源,唤起人们对新疆传统伊斯兰陵墓建筑文化的理解和重视,并能将这种独特的艺术魅力在当今社会继续展现(图1-8、图1-9)。

图1-8 霍加那吾然木·霍加麻扎

图1-9 祖来哈比坎陵墓

第二章　古代西域伊斯兰教传入的历史变迁与发展

伊斯兰教是由先知穆罕默德（拉丁语Muhammad）于公元7世纪在阿拉伯半岛创立的。"伊斯兰"意为顺从者。由于伊斯兰教义中除了宣传宗教思想外，还提倡接济贫困、反对奢靡浪费等一系列反映底层人民心声的愿望，因而得到了底层人民的大力支持。随即穆罕默德在麦地那建立人类历史上的首个伊斯兰政权，其本人就是政教合一的统领。由此可见，伊斯兰教和其他宗教相比，具有强烈的参政议政意识，换言之其政治化趋向是有着扎实的历史根基的。

随着伊斯兰教在阿拉伯半岛的迅速发展与传播，阿拉伯半岛也完全被伊斯兰政权所统治。公元9世纪末伊斯兰教传入古代西域后的几个世纪历程中，伊斯兰教与佛教和其他一些原始宗教展开了激烈的博弈较量。直至公元16世纪中叶，新疆天山南北各地区才逐步完成伊斯兰化进程，新疆的原住居民在信仰伊斯兰教后，开始逐步放弃了原来的宗教信仰、意识形态和生存方式。从那之后，再也没有任何宗教取代伊斯兰教在新疆的主导地位。

第一节　9世纪末伊斯兰教初始西域

自古以来地处"丝绸之路"中段的新疆就是东西方经济与文化交流的枢纽和桥梁，也是古代世界性宗教传播与推广的交汇之地。公元9世纪末以前，如佛教、道教、摩尼教、祆教等各种宗教沿着古代西域丝绸之路传播，与本土原始的宗教一起在新疆天山南北传播与推广。在国外的部分宗教被介绍传入新疆以前，新疆古代原住居民的宗教信仰主要是土生土长的萨满教，至今新疆还有一些少数民族或多或少地保留着部分原始宗教和萨满教的观念与风俗。

公元1世纪前后诞生于印度的佛教，途经克什米尔、巴基斯坦、阿富汗传入中国古代西域。很快，各地皈依佛教的统治者们开始了大力的佛教推广，佛教迅速成了古代西域的主要宗教，在佛教鼎盛时期的新疆，塔里木盆地周边各个绿洲之上，佛教寺庙和石窟建筑随处可见，僧侣和尼姑往来众多，佛教造像、绘画、音乐、舞蹈等都达到了极高的水平，为世界留下了无数珍贵而丰富的文化艺术遗产，同时也形成了以疏勒、于阗、龟兹、高昌等城市名噪一时的佛教文化传播中心

图 2-1　鸠摩罗什的雕像

图 2-2　秃黑鲁·帖木儿汗陵墓

（图 2-1、图 2-2）。

公元 2~3 世纪，部分世界性宗教开始逐步进入新疆传播与推广，首先传入的是诞生于古代波斯的拜火教（我国称祆教）。公元 4 世纪约我国东晋时期，祆教在新疆得到广泛传播，在民间信仰者较多，势力很大，尤其在古西域的高昌、焉耆、于阗、拜城等地，祆教甚至对佛教的统治地位都构成了极大的威胁。在古西域佛教中心于阗，祆教几乎取得了同佛教平起平坐的地位。公元 5 世纪在中国内地道教信仰开始普及，伴随着内地与新疆密切的接触和交流，以及信仰道教的汉族人大量进入新疆，道教首先在吐鲁番，哈密等汉族较集中的地区流行开来。道教在唐代备受统治者及贵族阶级推崇，这一点也对道教在新疆的传播与发展起到了至关重要的作用。

公元 6 世纪前后摩尼教由波斯途经中亚传入古代西域，随后以摩尼教为国教的古代维吾尔人即"回鹘人"西迁新疆后，促进了摩尼教在新疆的发展与推广，信仰摩尼教的古代维吾尔人，开始在新疆吐鲁番等地区开凿洞窟和建造寺院、翻译经文和绘制壁画，弘扬教义和宗教文化。随之基督教的早期派别聂斯脱利派（我国称"景教"）进入新疆推广，但在早期传播的过程中效果一般。直至元朝，因为大量的古代维吾尔人"回鹘人"接受了景教后才随之兴起。

第二节 10世纪至16世纪的推广发展时期

公元9世纪末10世纪初,兴起于阿拉伯半岛的伊斯兰教途经中亚传入了如今的新疆天山以南地区,10世纪中叶"喀喇汗王朝"开始向新疆东北及东南方向继续扩充其政治势力,先后占据了英吉沙和叶尔羌等地,并发动了战争,最终于公元11世纪初战胜,其疆域也随之扩大到如今新疆塔克拉玛干沙漠东南缘的若羌县境内。这场战争使于阗这个古老的佛教文化重地逐渐土崩瓦解,最终皈依了伊斯兰教。公元12世纪中叶,东来的契丹人占领并统治了喀喇汗王朝,这时信奉不同宗教的古代维吾尔人(即回鹘人)还处在西辽政权的统治管辖之下,虽然西辽王国的统治者和贵族阶级主要信仰佛教,但他们对其他宗教信仰并不严加排斥及打压,因此伊斯兰教在新疆这一时期的传播与发展仍然是有条不紊地推进着。在元朝之前伊斯兰教与佛教以今日的新疆吉木萨尔县划出分界线,东为佛教的政治势力控制范围,西为伊斯兰教的政治势力控制范围。辽代末年,伊斯兰教首次传播到天山以北的地区。

公元13世纪中叶,成吉思汗的第七代孙"秃黑鲁·帖木儿"继汗位后皈依了伊斯兰教,成为古代中国西域地区第一个信奉伊斯兰教的"蒙古察合台汗王"。这时期伊斯兰教在新疆及中亚各地区和蒙古东察合台汗国(蒙古四大汗国之一)逐步发展,波及天山南北。随后"秃黑鲁·帖木儿"派遣宗教领袖前往各地宣传伊斯兰教义,其属下宗王、贵族、农牧民十六余万蒙古人皈依伊斯兰教。公元13世纪末,"黑的儿和卓"继汗位后,采取强硬宗教政治措施,强迫当地居民归依伊斯兰教。之后由其子"马哈麻汗"继汗位的统治时期,继续在蒙古族人中大力推广伊斯兰教,最终使新疆地区所有的"察合台蒙古人"都逐渐改信了伊斯兰教(图2-3、图2-4)。

图2-3 秃黑鲁·帖木儿汗陵墓主墓室正面

图 2-4 秃黑鲁·帖木儿汗陵墓主墓室背面

公元 15 世纪至 16 世纪期间，伊斯兰教在新疆天山南北各地区得到了迅速发展，不仅信仰人数倍增，而且地域疆土也逐渐扩充到了新疆的各地区，成了古代西域的蒙古族、维吾尔族、哈萨克族、柯尔克孜族、塔吉克族等多个民族的主要宗教信仰。当这些民族逐渐皈依伊斯兰教之后，这些民族曾经信仰过的祆教和摩尼教等宗教也随之衰落并逐渐消失，但仍有佛教与道教存在。直至公元 16 世纪，伊斯兰教最终取代了佛教成为新疆天山南北各地区主要民族的主要宗教信仰。

第三节　伊斯兰教在西域的鼎盛时期

自公元 17 世纪开始，源自中亚的苏菲（"苏菲"一词源于阿拉伯语的"苏夫"意为羊毛[①]）著名和卓家族，先后进入新疆进行伊斯兰教传播及推广，于 15 世纪至 16 世纪期间建立如今以莎车地区为中心的政治势力，在天山以南的地区建立了伊斯兰教的"准噶尔汗国"。公元 18 世纪中叶，清朝出兵收复新疆，平定准噶尔贵族的叛乱，"和卓"家族势力随之土崩瓦解。

1949 年新中国成立后，国家共同纲领和宪法规定，实行各民族宗教信仰自由的政策，在政治上新疆各族伊斯兰教信仰民众获得各项权利。伊斯兰教信仰民众的宗教活动、风俗习惯等方面受到了国家法律的保护和尊重。国家还实施民族区域自治政策。1955 年 10 月 1 日新疆维吾尔自治区正式成立。后中央政府在自治区创办了伊斯兰教经学院及相关宗教事务协会。自 20 世纪 70 年代末以来，国家拨款修复并开放了大量的清真寺、麻扎（陵墓）等宗教文物古迹。同时大批的爱国穆斯林宗教人士和学者们也积极参与到人大、政协和伊协等团体的社会工作中（图 2-5~ 图 2-7）。

图 2-5　新疆伊斯兰经学院 1

---

① 热依拉·达吾提. 维吾尔麻扎文化研究 [M]. 乌鲁木齐：新疆大学出版社 .2001, 28.

第二章　古代西域伊斯兰教传入的历史变迁与发展

图 2-6　新疆伊斯兰经学院 2

图 2-7　新疆伊斯兰经学院 3

第三章　新疆伊斯兰陵墓建筑分布的基本模式

新疆伊斯兰陵墓建筑（即麻扎）主要集中分布在南疆和东疆地区，除此之外，在北疆的伊犁河谷也分布有不少的伊斯兰陵墓建筑。从地区分布模式看，这些陵墓的分布是不均匀的，就地理位置而言，有些陵墓地处交通要道和人口稠密地区中心，而另一些则处于人迹罕至的戈壁荒漠。笔者先后于 2013 年 6 月至 8 月期间对新疆喀什、和田、库车、吐鲁番、哈密、伊犁等地区的部分伊斯兰陵墓进行了实地调查，收集相关的文献材料和图像信息，以此为依据，对新疆伊斯兰陵墓建筑分布的基本模式进行初步分析。

第一节　陵墓集聚城市乡村中心的点状分布模式

新疆喀什、吐鲁番地区的大多部分伊斯兰陵墓建筑，与和田地区、伊犁河谷的少部分伊斯兰陵墓建筑都集聚在人口密集的城市乡村，以点状分布的模式坐落于城市乡村的中央，往往被视为该地区的宗教及政治、经济、文化中心。以喀什市的麻扎分布情况来看，其市郊就有几个著名的麻扎，在大部分麻扎周围像众星捧月似的坐落着当地人的坟墓。人们普遍认为，埋葬在麻扎的旁边就可以得到麻扎主人的佑助。而吐鲁番市属范围内有记载的，就有 28 处之多。主要集中在吐鲁番市属周围的葡萄沟乡、艾丁湖乡、火焰山乡等处，其中大部分位于乡村中心附近或马路两旁（图 3-1）。

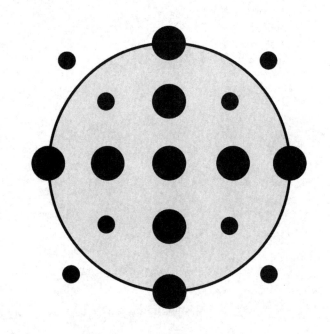

图 3-1　城市中心点状分布模式

例如"乞里坦"陵墓坐落在莎车县旧城中心的山丘之上，四周有高大的围墙，园内分布有清真寺和谢赫们的住所，在后园内有由土砖筑建的、上部为穹顶式的墓室，墓室内有七个陵墓（据当地人传说是真主派遣到凡间的七个圣贤在此地居住过，后人为纪念这七位圣贤因而修建了该陵墓建筑）。"乞里坦"麻扎向下约二三百米处是"阿勒屯麻扎"，它是历史上"叶尔羌汗国"王室成员和当时著名的"和卓"（维吾尔语、原为波斯语"圣裔"之意，主要指伊斯兰教先知穆罕默德的后裔）们的墓地，当时这里是"叶尔羌汗国"的政治与经济、宗教与文化的核心区域，历史上为占领此地，两派"和卓"之间发生过激烈的争斗，所以莎车县的其余陵墓就是主要围绕着这两座陵墓而分布的。县城的西北部和南部，就有十多个这样的陵墓，现在每当穆斯林的主麻日到来，陵墓旁的主街道就变成了热闹繁华的巴扎（维吾尔语音译词，意为"商业繁盛之区"或"集市"），不少赶集的群众顺便参拜"乞里坦"陵墓（图 3-2）。

第二节 陵墓围绕沙漠区域的散状分布模式

在南疆沙漠地带散状分布着部分伊斯兰陵墓建筑，特别是和田地区和阿克苏地区一些著名的伊斯兰陵墓建筑，它们地处塔克拉玛干沙漠边缘，或在塔克拉玛干人迹罕至的大漠深处，形成了以围绕沙漠区域的伊斯兰陵墓散状分布模式。这些陵墓建筑虽然地处沙漠地带并且远离居民点，但是其建造所在地却有水有林，风景优美，并且还建有清真寺和道堂等附属建筑物（图 3-3）。

图 3-2 乞里坦麻扎主墓室

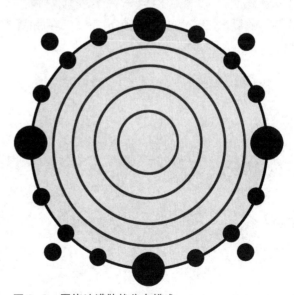

图 3-3 围绕沙漠散状分布模式

其一，位于洛浦县吉亚乡政府东北10公里左右的"依麻木阿斯木"陵墓，地处塔克拉玛干大沙漠南缘，现存两座古代传统伊斯兰陵墓建筑，此陵墓建筑至今已有一千多年的历史，1938年由伊斯兰教信仰民众捐资，在陵墓东南角上修建了礼拜寺一座，守夜房两间，还在陵墓西北角50米处打有一口水井。1958年，"破旧立新"拆掉礼拜寺，每年四五月份都会有来自喀什、阿克苏及和田各地信徒们长途跋涉聚集到这里祭拜，人数多达万余人，形成盛大集会。

其二，作为新疆最著名的"依麻木加帕尔·萨迪克"陵墓，位于和田地区民丰县卡巴克阿斯干村北部5公里的沙漠深处，离县城有70多公里。"依麻木加帕尔·萨迪克"陵墓有一个别称——"穷人麻扎"，因为当地的伊斯兰教信徒认为如果没有能力去麦加朝觐的话，朝拜"依麻木加帕尔·萨迪克"陵墓就相当于去了麦加朝觐，所以每年的朝觐日这里就会云集成千上万的朝觐者（图3-4）。

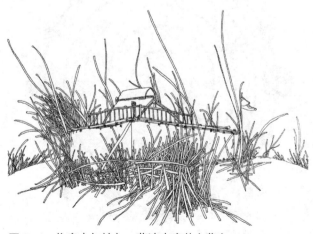

图3-4 依麻木加帕尔·萨迪克麻扎主墓室

其三，坐落于阿克苏地区温宿县的"库尔米什阿塔陵墓"，位于县城西北约60公里处，陵园占地600余亩，当地人称它为"戈壁明珠"，陵墓建筑高出地面约50米左右，陵墓旁的山坡上长满了绿草，这里既是当地伊斯兰教信仰民众的朝拜圣地，又是风光宜人的景区。陵墓四周皆为戈壁，可陵墓内却有多眼泉水，有柳树、桑树等树木。每逢烈日炎炎的夏日，该陵墓内却树荫浓密、鸟语花香，身临其境者无不被陵园中美丽奇特的自然风光及丰富多彩的植物资源所迷醉。

第三节 陵墓环绕交通路线的带状分布模式

在新疆南疆地区有不少以"兰干"为名的伊斯兰陵墓建筑（"兰干"系维吾尔语，意为"驿站"）。在古代丝绸之路古道上，这类陵墓建筑尤其多，以带状分布模式环绕在交通路线上，从一个绿洲到另一个绿洲，行者们每到一地，开始新的旅程之前，都要向当地的麻扎祈祷。一般这些位于交通要道周围的陵墓，都设有管理陵墓的谢赫（系阿拉伯语音译，原词有长者、学者、专家和老师的意思，用来称呼比自己年长或学识渊博的人）和备用的客房。陵墓建筑周围有泉水树木，环境宁静优雅。行者们到达此地不仅可以在这里安顿休整来解除旅途的疲劳，还可以为未来的路途平安祈求"麻扎"佑助（图3-5）。

新疆地区是由一片片绿洲相互连接组成，绿洲间的连接要经过陡峭山路或荒丘戈壁。坐落于

第三章　新疆伊斯兰陵墓建筑分布的基本模式

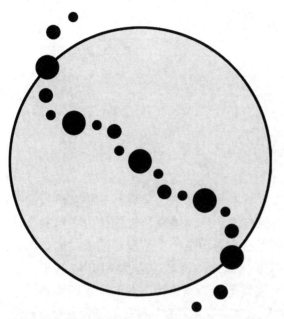

图 3-5　环绕交通路线的带状分布模式

具有明显的萨满教"敖包"特征性质的。"敖包"系蒙古语音译，具有指示方向和辨别区域的功能，最初有道路和境界标志的意思，之后逐渐嬗变为民间祭祀神灵的活动的场所。关于"敖包"祭奠的起源和作用，历史上有许多不同的解释。"敖包"祭祀活动在古代信仰萨满教的游牧民族生活中具有至关重要的社会地位。但随着萨满教的逐步衰落，蒙古族在新疆的大多部落也皈依了伊斯兰教，但是"敖包"祭奠的象征文化却保留了下来，并与伊斯兰教的圣徒观念相结合，所以产生一批类似于敖包形式的伊斯兰陵墓建筑类型，而"敖包"的某些祭奠礼仪也被继承在伊斯兰陵墓建筑的朝拜活动中（图 3-6）。

这些地方的伊斯兰陵墓对辨别道路及为行者指示方向起到了关键作用，而且，行者路过时朝拜麻扎后，在心理上减轻了对险厄、遥远的路途的畏惧。这类陵墓一般没有管理员及附属建筑，主要以石块或黄土堆墓，墓冢上插有五颜六色的旗子、长木杆，木杆和麻扎附近的树上挂有不少布条，墓堆上放着牛羊角等。上述类型的陵墓（麻扎）可以从建造形式、所处的地理位置等来判断，是

图 3-6　敖包麻扎

第四章　新疆伊斯兰陵墓建筑的等级分类

谈到新疆伊斯兰陵墓建筑，许多学术著作中都把它与伊斯兰教先贤、"和卓"家族、苏非派的伊禅和伊斯兰殉教徒们的陵墓划为等号，如同"麻扎"意为"圣地"和"圣徒墓"的意思一样。例如还有为伊斯兰教传播作出贡献的著名学者及艺人等的陵墓。新疆的伊斯兰陵墓建筑一般由圆顶型的墓室、礼拜寺、罕尼卡等组成，整体的建筑风格与墓室主人的身份和地位有较大的关系，可划分为三种：一是在新疆传播伊斯兰教过程中起关键作用的信教徒陵墓，陵墓内多以皇室可汗及殉教徒为主；二是在伊斯兰教传播中作出重要贡献的宗教圣贤及著名传教者的陵墓；三是著名的地域学者及民间艺人的陵墓。

第一节　葬有皇室贵族及殉教徒的陵墓

这类陵墓建筑与其他类型的陵墓建筑相比，其建筑大多数是富丽堂皇的高大建筑，占地面积大，装饰设计精美，朝拜人数众多。通常除大门、墓室和礼拜堂三大主体部分组成之外，还有讲经堂、罕尼卡、沐浴间、待客房、阿訇住所等附属建筑共同构建而成，呈现出一种宫殿般的庭院式建筑样态。作为陵墓建筑的核心主墓室，建筑布局上占主导地位，主墓室内通常放置一个或多个墓冢，墓冢的形式造型为四方形基座，其墓体为摇篮型，通常采用砖雕及琉璃砖等高级工艺、材料装饰。在主墓室周围一般还设有相当数量的墓冢，安葬着墓主人的家族成员及追随者，陵园的大门与传统的清真寺大门建筑风格通常比较一致。

位于新疆伊犁霍城县的"秃黑鲁·帖木儿汗"陵墓规模宏大，为典型的穹窿式圆顶式陵墓建筑，陵墓正门面朝东方，拱形大门的正面墙壁用蓝色、绿色、白色二十六种规格的釉面砖，镶砌成各式各样的几何形装饰纹饰图案，门头之上蓝色釉面砖雕琢了阿拉伯文经文颂辞，墙面给观者华丽精美又光彩夺目之感。殿内无木桩横梁，四壁空阔，可由阶梯登临顶部。它是新疆典型伊斯兰风格的古老陵墓建筑代表之一。陵园中还有一座建筑规模略小陵墓与之并列，据说是"秃黑鲁·帖木尔汗"妹妹的陵墓，装饰相对简朴，但保存十分完好（图4-1~图4-3）。

第二节 葬有伊斯兰教先贤及传教人员的陵墓

伊斯兰教先贤及传教人员的陵墓在新疆南疆及东疆等地区较多。墓中通常葬有为伊斯兰教在古代西域传播中作出贡献的人们,如伊斯兰教什叶派中比较有名望的伊玛目或先贤及先知后裔等,这些伊玛目或先贤及后裔生前的宗教活动一般都和当时的历史宗教传播事件相关联,有一部分陵墓主人的生平基本没有十分具体可靠的历史记载,只是在古代西域时广泛流传着他们传播伊斯兰教活动的传奇故事。

这类伊斯兰陵园中通常只建有陵园大门、主墓室、礼拜寺三部分。与皇室贵族的陵墓相比,其装饰相对朴实,建筑规模稍小,甚至部分陵园内无清真寺。陵园内主墓室一般由土坯筑成墓冢,在周围由木棚或土墙围绕,或筑有简易的拱形结构平顶房,部分墓冢装饰有精美的琉璃砖花。新疆南疆维吾尔族聚集地区的大部分陵墓建筑都是这种生土结构。

"盖斯墓"位于哈密市西郊,是屈指可数的伊斯兰教"先贤"的陵墓建筑,所以民间又称它为"圣人墓"。"盖斯墓"陵园占地约8亩,建筑为土木结构,坐北朝南,南北宽12米,东西长22米,通高15米,整个陵园墓地为长方形,后部为盖斯墓主体,建筑分上下两部分,上部为拱式圆顶,装饰有绿色琉璃砖;下部为四方形,外部建有回廊,南北各有7根,东西各有6根木柱支撑,四周围绕着半米高的木栏,整体结构精致且形体威严。远远望去就像是一颗光芒闪耀的绿玛瑙,镶嵌在哈密的绿

图 4-1 秃黑鲁·帖木儿汗陵墓介绍

图 4-2 秃黑鲁·帖木儿汗陵墓

图 4-3 秃黑鲁·帖木儿汗陵墓

图4-4 盖斯墓陵园墓冢及大门

图4-5 盖斯墓

洲上，具有浓厚的伊斯兰建筑风格，是伊斯兰教信徒朝拜的重要圣地之一（图4-4、图4-5）。

第三节 葬有著名学者及民间艺人的陵墓

新疆各地区主要民族在皈依伊斯兰教之后，首先出现了一批著名学者和诗人们的陵墓建筑，其中就有著有《突厥语大词典》的著名喀什学者麻赫穆德·喀什噶里，还有著有叙事长诗《福乐智慧》的著名学者玉素甫·哈斯·哈吉甫，以及和田的阿拉米·阿拉韦丁、穆罕默德·胡待尼等学者的陵墓。其次有部分古代民间艺人的陵墓随之出现，这类陵墓的主人在民间都流传着他们具有某项特殊技能的传说，例如专管某种病痛或具有某种技巧工艺，等等。这些墓主人通常大多数都没有确切来历和姓名，名称的由来主要由墓主人的技能而来，如：喀什和吐鲁番地区的"瘊子"麻扎、制作车轴的能手奥克其阿塔麻扎、水痘母亲麻扎、牙痛和卓木、专管畜牧的牧羊人麻扎、克斯拉其和卓木、皮匠麻扎，等等。这些是伊斯兰教传入以来，新疆出现的最早的既非伊斯兰教显贵，又非殉教徒的伊斯兰陵墓。这类陵墓虽然没有明确而固定的朝拜日，也没有太多举行宗教活动的机会，但在新疆各地区的数量很多，而在民间与当地信仰伊斯兰教民众生活的方方面面关系密切。陵墓建筑的基本形式通常分为以下两类：一是墓主人为学者身份的规模较大的陵墓，包含大门、墓室、礼拜堂等建筑，装饰华丽；二是墓主人为艺人的小型陵墓，基本上没有附属清真寺建筑，甚至很多连大门和围墙都没有，只有排列整齐的一些墓冢，这些墓冢多以沙石和泥土混合夯筑而成，在形式上与当地普通民众的陵墓无太大区别（图4-6、图4-7）。还有一些陵墓，只是在环绕墓地的周围摆放或悬挂了如牛羊角、小旗布条等装饰物，它们从性质及形式上具有原始萨满教敖包的特性。

坐落在喀什市内的玉素甫·哈斯·哈吉甫

图 4-6 库车民间艺人尼莎罕陵园墓冢

图 4-7 库车民间艺人尼莎罕陵园墓冢

（1019~1080 年）陵墓，墓主是 11 世纪中期的维吾尔族诗人。他所著的《福乐智慧》，是一部用古回鹘文撰写的叙事长诗，为现代西域史研究提供了可查阅的历史文献资料，长达 13000 余行，其内容囊括了当时古代西域的政治、经济、文学、历史、地理、医学等诸多知识要点。其陵墓建筑占地 900 多平方米，由主墓室、门楼和墓冢群三部分组成。主墓室坐北朝南，外方内圆，典型的穹窿拱券圆顶，正门两侧对称地建有两座高达约 9 米的圆柱形塔楼，整个陵园的建筑布局井然有序，装饰古朴且具有浓郁的伊斯兰风格（图 4-8、图 4-9）。

图 4-8 玉素甫·哈斯·哈吉甫陵墓

图 4-9 阿曼尼莎汗墓冢

第五章　新疆伊斯兰陵墓建筑形制风格与装饰特征

新疆伊斯兰陵墓建筑艺术，是以新疆伊斯兰文化为背景融入中西方文化特征的艺术形式和美学体系，主要有阿拉伯式、民居式、中原汉式、多元融合式四类。从建筑形制和装饰上看新疆伊斯兰陵墓建筑，其特征多为四方形的平面布局形制和穹窿拱券圆顶。圆形无鼓座的穹窿的墓室屋顶，一般装饰有绿色、蓝色、黄色的琉璃砖，建筑四角通常设置有半镶入式邦克楼形圆角柱，通常分节装饰着颜色不同的琉璃砖，墙面点缀有独特的图案纹样，如植物纹样、几何纹样和文字纹样相互穿插，使整体陵墓建筑呈现一种独特的艺术风韵。装饰朴素大方，图案形态多元和色彩装饰精美，这是源于新疆当地人民历来有在庭院栽种果木、花草的生活习惯，这种生活习惯反映到建筑装饰图案中就显得自然而然了。另外自然界艳丽的色彩和丰富的抽象几何结构，经过巧妙的艺术设计处理，便呈现出了新疆伊斯兰风格绚丽多彩的视觉艺术样态。这是将陵墓建筑造型的比例、尺度，以及装饰纹样色彩等方面融入新疆独有的民族地域特色和建筑语意的综合表现方式。

第一节　墓室建造结构风格特征

一、阿拉伯式

阿拉伯式建筑风格在新疆伊斯兰陵墓建筑的建造中比较普遍，墓室平面布局形式上多以穹窿顶覆盖四方体基座。一般主墓室的屋顶为圆形配以穹窿顶结构，给观者一种高耸、宽敞之感。墙面用黄色、绿色、蓝色的琉璃砖装饰，组合点缀了各种各样的装饰图案，主要有几何纹样、植物纹样及文字纹样相互交叉组合而成。四隅角上还筑有半镶入式"邦克楼"形圆角柱，柱身直立或略做收分，采用不同颜色的琉璃砖饰，构建出无凹凸的横向分节图案装饰效果。通常陵园大门与清真寺呈对称式的布局。这种以四方体基座、穹窿圆顶为造型所构架的墓室风格，给人一种庄严肃穆之感。如果将新疆伊斯兰陵墓建筑与其他中亚或中东地区伊斯兰国家的陵墓建筑比较，新疆的伊斯兰陵墓建筑在外观方面，给人的感觉明显是形体装饰精巧且朴素大方。其陵墓建筑中独特的图案形态和富于装饰的色彩寓意，充分诠释并表达了新疆地区特有的阿拉伯式陵墓建筑装饰风格语意（图5-1）。

第五章　新疆伊斯兰陵墓建筑形制风格与装饰特征

图 5-1　莎车的阿勒顿鲁克麻扎大门

新疆南疆各地区多见具有阿拉伯式建筑风格的陵墓建筑。西域古籍《和阗直隶州乡土志（人事类：礼俗）》中描述：凡阿訇乡约生前有德于人者，死后葬所建舍宇，坟高丈余，圆形尖顶，巍然壮观。[①]进而可知，这种陵墓建筑形制不仅是陵墓建筑中狭义定义的著名人物的陵墓，广义为道德高尚之人。同时这类陵墓建筑在形制造型上与古代西域地区的佛教洞窟里的"龛形"之间具有诸多相似性，方形穹窿顶窟通常为独室，正方形，顶为半圆形穹窿结构。这种方形穹窿顶窟在拜占庭及波斯王朝的宫殿中可以看到很多。例如库车部分石窟及吐鲁番柏孜克里克、高昌古城内就有在穹窿顶的四角做墙角尖拱的，这是典型的波斯样式。由此可见新疆阿拉伯式陵墓建筑风格

---

① [清]谢维兴.和阗直隶州乡土志.一卷.[M].北京：中央民族学院图书馆.1978:33.

的形成，受到了本土民族对原先的信仰和习俗沿承之后的影响。

阿拉伯式风格的陵墓建筑形制特征最为典型的是穹窿结构的半圆屋顶，早在公元前4世纪就在最早出现文明之光的两河流域出现。阿拉伯式陵墓建筑风格因墓室穹窿顶造型的细节差异，通常划为两种样式。

（1）穹窿顶上筑有小亭样式：四隅角上筑有半镶入式"邦克楼"形圆角柱，实例有莎车的阿不都热合曼陵墓、喀什的玉素甫·哈什·哈吉甫陵墓、喀什的阿帕霍加陵墓、哈密王陵中的白锡尔王陵等。其中最有代表性的是喀什的阿帕霍加陵墓，陵园建筑布局为散点式，主墓室坐北朝南，位于陵园东侧，主墓室内宽敞，正中的方形基座上依次排列着大小不等的58个墓冢，长方体造型结构配穹窿半球圆拱顶，顶部亦有"邦克楼"和一轮弯月。主墓室通高27米，横阔36米，纵深29米，四角各竖立了一座半嵌于墙体之内的砖砌圆柱塔，柱顶上均有"邦克楼"一座，配以一轮铁柱高擎的新月。主墓室四周墙面以绿色琉璃砖贴面为主，间以黄、蓝二色琉璃砖镶嵌，晶莹素洁，显得格外富丽堂皇且庄严肃穆（图5-2）。

（2）穹窿顶上未筑小亭样式：四隅角上未筑有半镶入式"邦克楼"形圆角柱。实例有阿克苏市的协依陵墓和加玛鲁丁陵墓、霍城县的秃黑鲁、帖木儿汗麻札、拜城县的野坦苏里坦陵墓、喀什的艾尔斯兰汗陵墓、喀什市南乌帕尔乡的马赫穆德喀什噶里陵墓等。

二、民居式

民居式建筑风格的新疆伊斯兰陵墓建筑样式，通常就是直接采用新疆本土传统的民居建

图5-2 穹窿圆顶

造形式，以木质构架搭建屋顶、生土夯筑或砖砌墙体，屋内放置墓主人的"墓冢"。这类陵墓虽然以生土夯筑或土块叠砌为墙体，但由于新疆南北疆地区的气候差异较大，所以在其建造结构上也略有差异。如天山以北的伊犁地区和昌吉地区，常年的降水量较天山以南的地区明显多了不少，进而生土墙体底部一般会用红砖或石块做基础，而天山以南的喀什地区、和田地区、阿克苏地区、吐鲁番地区等，几乎常年无降水，所以陵墓建筑的墙体通常就全用生土夯筑，不做任何砖石基础。

新疆民居式伊斯兰陵墓建筑其屋顶结构通常用密梁木结构和土坯拱券结构为主，来满足隔热防寒的功能性要求。"回屋聚土为墙，累厚三四尺，以白杨胡桐之木横布其上，施苇敷泥，遂成屋宇或为楼……雨少不畏渗漏，富者多于屋内雕泥为花草字画，饰以灰粉，细而坚，颇见工巧"，在《回疆志》卷二描述为"不用石料砖瓦，惟赖土性粘黏"。陵园的建筑多为三合院和四合院平面布局形式，与中原汉民族的传统住宅形式差别不大。但信仰伊斯兰教的民族遵循教义，他们强调沐浴，爱好洁净，特别是对水的来源有很高的要求。如果陵园内无法引入洁净的渠水，陵园内就一定会打口井来获取不受污染而洁净的水。最后在其建筑的装饰设计方面，会多用虚实相间对比手法，局部着重点缀一些彩画、木刻及砖雕，门窗口多为拱形，纹样一般主要为植物纹样和几何纹样，装饰色彩上则多以绿色和白色为主体色调，传达出一股对伊斯兰风格的色彩象征意味。实例有阿图什市逊塔克乡吾斯曼·布格拉罕陵墓、喀什市南乌帕尔乡旧的马赫穆德喀什噶里陵墓、伊犁地区的铁热克陵墓（图5-3）。

图5-3 吾斯曼·布格拉罕麻扎

三、中原汉式

伊斯兰教传入新疆的初期，由于那时伊斯兰教对宗教建筑及其他类型的建筑没有统一的建造装饰标准及风格，所以一般都是直接拷贝其他民族建筑的风格样式，稍加进行一些针对宗教活动必需的空间改造方可使用，由于新疆是古代"丝绸之路"重地，千年来新疆的各个少数民族与中原汉族在这里和睦相处，共同发展。文化、艺术、习俗等在这里交汇融合，所以一部分信仰伊斯兰教的民众长期和部分汉民族居住在同一个生活环境中，备受中原汉式建筑文化与装饰艺术的直接或间接影响，形成了世界伊斯兰教建筑艺术中别具一格的风格特征。

但建造这种建筑风格样式的多为信仰伊斯兰教的回族民众，其陵墓建筑多为亭阁式，具有明显的中原传统汉式木结构风格。西域古籍《昌吉县乡土图志[人类]》中有详细描述："同场者祭祀之地曰'拱拜'，下筑土基，上架数椽，如屋有顶（汉人道旁凉亭式样）。凡祷福禳灾，祝天告地，年节礼拜。平日早晚迎日送日，并把斋诵经，有时不往清真寺，即在拱拜地面……"，还有少部分信仰伊斯兰教的各民族也十分喜好建造这种风格样式陵墓建筑。这些汉式风格的陵墓建筑主要特点为：具有明确的中心轴线，强调对称平衡的视觉关系，造型通常为多层檐歇攒山顶的亭阁形式，主墓室为纵深四方形平面，亭阁式的六角或八角尖顶与卷棚顶组成，建筑整体高耸挺拔，底部面积偏小，顶部层层叠叠且坡面偏大，便于避雨防寒用，典型吸收了中原传统汉式建筑中的大屋顶样式风格。新疆天山以北地区自古以来就

图 5-4　速檀·歪思汗陵墓

与中原的往来交流密切，千百年间受中原传统汉文化建筑的影响颇深。因而，新疆天山以北地区大量建造的中原传统汉式陵墓在建筑装饰方面融合少许阿拉伯的装饰元素，形成了其独特的新疆伊斯兰陵墓建筑样态。

实例有察布查尔县的洪纳海陵墓，伊犁地区的墩买里陵墓和速檀·歪思汗陵墓。其中最有代表性的是伊犁地区伊宁县的"速檀·歪思汗"陵墓。该陵墓是伊斯兰教信徒捐资并聘中原汉族工匠建造，重建于清光绪二年（1876年），是新疆地区众多以伊斯兰教为背景的陵墓建筑之中，最富有中原汉式浓郁文化特色的一座伊斯兰陵墓建筑，同时它也是中原汉式建筑风格的代表之作（图5-4）。

四、多元融合式

由于伊斯兰教教义中严厉禁止以任何方式来为任何人筑造陵墓，同时也不允许为此举行任何形式的宗教祭奠活动。但在漫长的历史长河中，

新疆各民族在皈依信仰伊斯兰教后，或多或少地保留和继承了一些伊斯兰教之前的信仰宗教习俗，比如曾经盛行一时的萨满教等宗教，具有典型的个体宗教崇拜习俗。虽然在正统的伊斯兰教教义中是严厉禁止陵墓朝拜的，但这种陵墓朝拜却客观地出现在新疆信仰伊斯兰教各民族的现实生活中，是这些民族对其祖先、名人等崇拜现象的主观延续，进而形成了多种宗教习俗和多元文化交汇与融合的过程与新疆伊斯兰陵墓建筑的朝拜文化现象。这种多种宗教习俗与多元文化的交汇与融合，还集中反映在其陵墓建筑修建与装饰设计上，阿拉伯与波斯的装饰纹饰通常多为几何纹样、植物纹样。而新疆本土的陵墓建筑上的装饰纹样和图形，远远没有阿拉伯和波斯的纹样精巧且制作纤细，其题材主要以新疆本土的果实和植物进行装饰纹样提取设计，装饰纹样粗犷大气且色彩对比强烈，这恰恰是新疆伊斯兰陵墓建筑多元文化融合后形成的装饰艺术产物。

实例有吐峪沟"七圣人"陵墓、哈密市郊的"盖斯墓"、哈密王陵中的"夏麦克苏王陵墓"等。其中以"盖斯墓"最为典型，穹窿圆顶用绿色琉璃砖饰面形成建筑的视觉中心，四方形基座上用角柱支撑装饰，墩台之外加以中原汉式建筑的围廊，呈现出一种中原汉式建筑风格与阿拉伯建筑风格相结合的特殊效果，并体现出两者的主次并置，这种建筑筑造手法同样在吐鲁番地区吐峪沟的"七圣人"陵墓中也有集中体现。哈密王陵中的"夏麦克苏王陵墓"则与以上几座陵墓略有不同，其主墓室建筑更多融合了传统蒙古族的建筑样式、伊斯兰建筑样式和中原汉式建筑形态。主

图 5-5　哈密王陵

墓室高约 15 米、四边各长约 15 米、穹窿顶与八角攒尖顶木结构亭榭外罩自然衔接，该陵墓建筑成为文化融合的里程碑，它是多元文化的叠置，使得陵墓呈现出一种强烈的视觉效果（图 5-5）。

第二节　墓室界面的装饰图元

一、蓝白青花瓷琉璃砖饰

新疆现存大量古代传统伊斯兰陵墓建筑，其建筑装饰上有一种极为常见的琉璃砖，以蓝白两色相互交汇而烧制的青花琉璃砖独具艺术个性，这种砖多产于伊朗。因为这些瓷砖均为蓝白青花，大多为方形，少有异型砖，拼砌在一起十分协调美观。据考证这种琉璃砖主要进口于古代的伊朗，但是它的色彩搭配与纹样设计却与我国的青花瓷十分类似，根据对史料的查阅和研究发现两者存在一些必然的联系。起步较早的伊斯兰国家制陶业，沿着古代两河流域使用釉砖装饰建筑的传统，促进了制陶业的发展和进步。更重要的是由于阿

图 5-6　蓝白青花瓷砖纹样

拉伯工匠在对中国青花瓷艺术的研究模仿过程中,逐步完善技术工艺后成功烧制出了蓝白青花瓷砖,为伊斯兰风格的建筑装饰用砖增添了品种和选择,极大地丰富了建筑装饰艺术设计的表达风格。这种蓝白青花瓷砖迅速受到伊斯兰教信仰地区的追捧,并开始了其远销古代西域的旅途。所以也有人将这种镶嵌于新疆伊斯兰陵墓建筑上的蓝白青花瓷琉璃砖也称为"回娘家"(图 5-6)。

(一)起源与发轫

中国唐朝的经济贸易发达,文化交流十分频繁,是世界历史上最具开放性和包容性的一代王朝。笔者通过查阅相关的书籍史料发现,基本可以认定青花瓷发轫于中国唐朝。据海上丝绸之路和大量陶瓷贸易交流的沉船考古中我们发现,唐代已有源源不断的大批量白瓷制品运往波斯地区。波斯人喜好彩绘艺术,大量的中国白瓷为波斯彩绘艺人提供了一个洁净的绘制载体。就在中国白瓷在运往波斯的同时,公元 9 世纪统治波斯的阿拔斯王朝,已经将大量的中国白瓷使用在其皇宫、清真寺、宫殿台基等之上。所以当时的中国白瓷倍受中亚和中东地区人们的青睐。但随之波斯人的物质文明和生活习俗也逐渐传入中国,这其中就有波斯产的矿物质颜料钴色料。钴色料的传入,让中国陶艺工匠们开始研究实验将这种钴色料如何运用到瓷器制作装饰之上,在白瓷坯上运用钴色料绘制图案就成了青花瓷的最早母本。波斯制瓷烧瓷技法虽借鉴和模仿于中国,可中国用钴色料绘制陶瓷之法则借鉴学习于波斯,这种工艺美术的交流与融合创新,恰恰缔造了蓝白青花瓷琉璃砖的独特魅力。这样的论断可以从近十年考古发现中获得证实(图 5-7)。

古代中国的瓷器生产在对外贸易高速发展的历史背景下,因市场实际需求不断迎合创新,专门为波斯地区烧制了他们喜欢的瓷器样式。信仰伊斯兰教的各民族对蓝色与白色似乎颇具好感,或许就在这个时期开始,中国的瓷器生产或多或少地受到了一定的影响。"值得注意的是,这些青花瓷的纹饰除了我国传统图案外,还有一部分与唐代传统纹饰截然不同,有着明显的阿拉伯风格"。按此规律我们发现始于唐代的"青花"在宋代的发展基本进入停滞状态,究其缘由,这可能与宋代崇尚清新淡雅的审美文化潮流有一定的关系,在素色瓷烧制方面反而得到长足的进步与发展,这也使得青瓷与白瓷烧制达到了一个新的艺术高度。源自宋代的审美

图 5-7　蓝白青花瓷砖

观念使得兴起不久的釉下彩绘，无法得到皇家及贵族等主流社会的喜爱，几乎无人问津、寂静消失。与此同时，波斯陶艺工匠也已成功仿制出了白瓷，迅速拉低了波斯当地的白瓷价格。

（二）应用与创新

古代西亚最重要的制瓷基地就是波斯，早在"萨珊王朝"统治时代，其建筑上就用瓷砖砌墙来装饰，直至在公元 9 世纪的阿拔斯王朝，其皇宫、清真寺、宫殿台基等表面均已大量使用装饰彩绘瓷砖。由于波斯地区盛产钴料矿，并且波斯制瓷工匠们又十分善于使用钴色料，使得中东、西亚地区的伊斯兰教国家对蓝色也是倍加喜爱，当我们纵观波斯地区的伊斯兰建筑时，墙面上大多装饰着这种蓝白青花瓷的琉璃砖。

进入元代，蒙古族成为世界上管理区域最大的统治者，蒙古族在古代多为游牧民族，他们认为蓝色为天，白色为善，蒙古族的起源图腾"苍狼白鹿"的色彩也是蓝与白，[1] 恰恰蒙古族对蓝白两色的特有的喜好，使得这种色彩搭配成了当时社会的主流。而这种进口于伊朗的蓝白青花瓷琉璃砖，准确地迎合了元代的主流审美价值观。随着大元帝国疆土的迅速扩充，东西方的经济文

---

[1] 中国国家博物馆编. 文物宋元史. [M]. 北京：中华书局. 2009, 258.

化交流往来也更为快捷便利。大批来自中亚和西亚的阿拉伯穆斯林迁居至中原，同时也带动了一轮伊斯兰文化的高速传播。综上所述，元代青花瓷的快速发展与逐步成熟，为明代青花瓷的鼎盛期打好了根基。随后的明代，中国外销瓷达到史无前例的销量，特别是在青花瓷的烧制中，对纹样和器型竭尽全力迎合阿拉伯地区人们的审美趣味，有密集纹饰、层层叠叠的装饰布局形式。大量青花瓷外销到波斯后，陶艺工人研究模仿，烧制出了一批批极具伊斯兰特色的"青花瓷"。基于阿拉伯地区建筑装饰多有陶瓷砖，青花工艺被很快运用到了瓷砖的烧制中，嬗变为图案丰富多样的青花瓷琉璃砖，其中不仅有伊斯兰传统的植物纹和几何纹，还将中国传统图案装饰融入其中，形成我们今天所能看到这些精美绝伦且变化丰富的蓝白青花瓷琉璃砖（图5-8）。

综上所述，新疆伊斯兰陵墓建筑上普遍装饰这种蓝白青花瓷琉璃砖，虽然从伊朗进口而来，但究其源头就是中国瓷器发展的一个历史片段，他们之间那千丝万缕的联系犹如一块块青花瓷片上连绵不断的纹样，演奏那无声的中西文化交流乐章。换言之，唐宋时期白瓷的大量外销，对波斯的陶瓷蓝彩工艺发展提供了基础，随后回传中国，又经过中国陶艺工匠们的研究和探索将中国

图 5-8　蓝白青花瓷砖装饰的墓冢

水墨技法与彩绘相互融合，烧造出更为精致的青花瓷制品，再次外销到波斯，这种工艺与文化的反复交流与创新，嬗变出了这种具有伊斯兰特色的蓝白青花瓷琉璃砖，并最终大量运用在新疆伊斯兰陵墓建筑的装饰之上，成了伊斯兰陵墓建筑装饰风格的典型案例。

二、几何纹、植物纹和文字纹的交织运用

图形装饰符号种类样式繁多的新疆传统伊斯兰陵墓建筑，将图形作为建筑装饰节奏和虚实等审美理念的建构，来传达一种生活的追求及信仰的表达，透露出一股独特的民族个性，其中还蕴含着伊斯兰文化背景下的生死哲理，形成一幅多姿多彩的图元文化。这些陵墓建筑图形符号虽然受到构造法则、材料物质、工艺技术等因素的制约，但穆斯林工匠们仍然以巧妙而精湛的图形语言传达了地域民族的审美取向。

"纹样"具有装饰和美化生活功能，在设计艺术中承担着至关重要的作用。纵览新疆伊斯兰陵墓建筑装饰艺术，我们从中发现了大量的几何纹样、植物纹样、文字纹样为母本的装饰图元，但却很难看到绘画或雕刻等真正足以体现造型艺术的作品，这是因为，伊斯兰教装饰纹样的题材在《古兰经》中有十分严格而明确的规定。在新疆的伊斯兰陵墓建筑装饰设计中仍然遵循了教义的规定，运用了这三种纹样元素设计装饰，这不仅遵循了伊斯兰教的教义，又顾及了墓主人生前所处的生活状态和地域环境特征，呈现了新疆地区独有的多元民族文化现象，进而强化了新疆伊斯兰陵墓建筑独有的装饰纹样艺术特色。

（1）几何纹样

几何纹样元素常用于新疆伊斯兰陵墓建筑的装饰设计上，密集而连续的纹样组合增加了几何纹样的趣味性。几何纹装饰符号的创新与使用，使其成为伊斯兰艺术主要的装饰形式，这也集中体现了穆斯林数学知识的高深，同时传达了阿拉伯建筑装饰艺术的创新设计能力。

几何纹样在构图布局上主要有多角式、格子式、锯齿式、回环式四种形式，纹样变化多端且密集丰富。几何纹饰就是以圆形、三角形、方形、菱形、十字形等几何形状为基础，加以对角线、经纬线和中心圆的运用进行交叉组合，最终达到密集丰富的效果，令人惊叹不已。如将这些几何纹样进行聚合、变换，会呈现出一种放射、离散视觉效果。二方连续与四方连续的几何纹样运用使得建筑装饰呈现出一种繁密华丽的视觉感受。这种几何纹样布局可以是无中心的纹样扩大，也可以围绕一个或两个中心向外延展扩充纹样，具有点、线、面相结合的形式特征，最终形成了优美繁复的几何纹样装饰。那种无始无终而反复的直线、折线、曲线组合，瞬间爆发出一种神秘而动人的变化（图5-9）。

（2）植物纹样

我们几乎没有看到过伊斯兰图案中有任何关于人物、动物的相关装饰纹样，这与伊斯兰教教义有密切的关联。伊斯兰教教义中严厉禁止对具象人物或动物描绘，也不容许进行偶像崇拜，所以我们看不到伊斯兰装饰纹样中任何的人物或动物的形象、实物就显得十分正常了。但是缺乏人物或动物描绘的装饰，只以花卉植物为母体提取

图 5-9　阿玛尼莎罕纪念陵门窗几何纹样装饰

的植物纹样来进行装饰点缀，会不会显得过于乏味无趣、过于单调？如要探寻一个结论，不如在丰富多变的伊斯兰植物纹样艺术中寻求答案。

信仰伊斯兰教的工艺美术师们谨记教义规定，从大自然丰富多样的植物花卉中精挑细选、归纳总结，提取创作了极为丰富多变的植物图案样式，各种卷草与花卉按一定的排列规律，重叠交错、疏密适当、节奏鲜明。点、线、面的视觉中心以连绵不断的植物藤蔓相互连接，形成了一幅极具动感的装饰界面，表现出一种沉着而安定的情感心理。常见的植物纹样母体有葡萄、石榴花、无花果、巴旦木、波斯菊、蔷薇花、木棉花等，其平面构图多以中心向外扩散式。最终构成建筑立面、圆顶、门窗、廊柱等建筑界面上连绵不断的装饰效果，充分展现了新疆伊斯兰教信仰民众的审美情怀，以植物纹样那自然纯朴的方式来传达伊斯兰教信徒的心愿、祈求与价值观（图 5-10）。

（3）文字纹样

阿拉伯文字是世界造字历史上一朵独具魅力而芳香四溢的波斯菊，其发展经历了从具象到抽象、从繁体到简体的演变转化过程。文字演变转化过程也就是从感性向理性的造型嬗变过程。研究阿拉伯文字纹样的艺术特征，首先就要了解研究阿拉伯书法艺术，它们之间可谓是一脉相承的关系，所以人们都称伊斯兰书法为最纯粹的艺术。阿拉伯书法如朵朵浪花，千变万化、层次分明，笔法多以纵向、横向为主，形成了一种独具节奏、韵律的感觉，给人以舒展、悠闲、高雅的艺术视觉效果。

阿拉伯书法艺术不仅用于撰写经书，还大量用在伊斯兰的清真寺和陵墓等建筑的装饰设计中。这些以传统阿拉伯书法为母本所提取的文字纹样，已大量运用到伊斯兰宗教建筑的立面装饰上。无论哪种风格的伊斯兰建筑艺术，因其文字纹样符号的点缀与运用，其建筑便自然而然具有了一股浓郁的阿拉伯情趣，可谓是一种形神兼备的艺术传达。伊斯兰建筑装饰艺术中丰富多样的文字纹样，以装饰题材组成纹样图案，文字设计组成的图形、方形、圆形、半圆形、菱形、长方形、异形等为基

图 5-10　陵墓建筑上的植物纹样装饰

础，以浅浮雕效果突出文字的形式感，在整体上与植物纹样、几何纹样装饰浑然一体（图 5-11）。

综上所述，从现代艺术设计学的视角来看，无疑新疆伊斯兰陵墓建筑的装饰纹样在整个建筑中起到画龙点睛的作用，这些陵墓建筑的外立面通常采用通体的植物纹样和几何纹样搭配、拼合，内部空间墙面又将文字纹样镶嵌其中，将装饰部位装饰得层层密密，形成整片的纹样组合效果。

图5-11 莎车王陵墓冢文字纹样

其陵墓的外立面多以花卉图案与几何图案构成，组合有序且疏密相间。门与窗因通风与采光的需要，采用连续的几何图案，结构严谨且节奏紧密，四方连续无始无终的线条组合将几何纹样和植物纹样交织在一起，构成了如天籁之音般的纹样装饰语汇，其设计构思将阿拉伯式风格特征尽显无疑。其次，陵墓建筑的内部墙面装饰纹样追求平面的形态美感，大量选择对称性植物纹样为主题构图，放置花卉、藤蔓、卷草等植物，从上到下大气磅礴，有序排列，疏密适当，节奏鲜明，形成富有动感的装饰界面，阿拉伯文字构成的装饰图案分别置于壁面，点明了陵墓建筑的性质，同时也丰富了装饰纹样的内容。

三、色彩装饰寓意传达

色彩是人类共同的语言，是人类把握审美取向的方式，同时色彩是建筑装饰的重要组成部分之一。色彩相比造型，主要优势体现在含蓄、夸张、浪漫的情感艺术表达方面。新疆伊斯兰教陵墓建筑的装饰色彩的色相、明度、纯度表达是色彩学在陵墓建筑设计装饰中的具体展现，同时也反映了新疆与其他国家及地区的穆斯林在色彩装饰使用观念上的差异性，呈现出一套独具新疆特色的伊斯兰陵墓建筑色彩装饰体系。这种色彩装饰体系充分彰显了伊斯兰教义中追求独立、崇尚自然的思想主张，寄托了伊斯兰教信徒的精神理念。新疆伊斯兰陵墓建筑在色彩装饰上通常以冷色调为主，绿色、白色、蓝色辅以少量的黄色点缀。蓝色和绿色给人以凉爽、充沛、丰富之感，体现了人们积极追求美好、和谐、自然的生活态度。色彩以一种独具魅力的思想情感，诠释了新疆伊斯兰教信徒们独特的色彩审美表达方式（图5-12）。

（一）白色：给人以高雅纯洁之感，它象征着纯真高尚、廉洁、诚实、无邪，也象征幸运、

第五章 新疆伊斯兰陵墓建筑形制风格与装饰特征

图 5-12 香妃墓的局部色彩搭配

吉利。白色是伊斯兰陵墓建筑色彩装饰中的崇尚色，颇具装饰地位。阿帕克霍加陵墓建筑的内外墙壁上大面积使用白色涂料粉刷，使主墓室的内部显得明亮而宽敞，附加一种独特的光照效果，给人一种空间放大的心理反应，将陵墓建筑的内涵体现得淋漓尽致。阿帕克霍加"麻扎"建筑中所使用的绿、黄、蓝、白这四种主要色彩中，交织了新疆伊斯兰教陵墓建筑色彩装饰的多元文化的交融，反映了新疆信仰伊斯兰教民众的内涵（图 5-13）。

（二）绿色：它是生命的色彩，是能量和力量的象征。新疆的穆斯林工匠在其陵墓建筑的色彩装饰上大量运用绿色，这与新疆伊斯兰教文化历史背景是密不可分的。伊斯兰教的产生与发展就在阿拉伯的游牧部落之中，古代西域伊斯兰教信仰者大多数也为游牧民族，他们赖以生存的根基是青青的绿草，它使人类及万物得以生存繁衍生息。他们崇拜绿色这富有活力和生机的色彩，因此绿色无疑地成为穆斯林群众对色彩的首选，恰恰喜好绿色也就成了一种传统习俗。这呈现了新疆伊斯兰陵墓建筑色彩装饰的人文情趣、民族向往及对宗教信仰的虔诚心理状态（图 5-14）。

（三）蓝色：给人一种纯洁之感，是理性和浩瀚的象征，它也是一个很容易让人联想的色彩。由于蓝色具有沉稳理智的特性，所以对于伊斯兰教来说蓝色是浩瀚宇宙的色彩，是真主所在的神圣之地。伊斯兰陵墓建筑的顶部或多或少地竖立着一些月牙造型，月牙无论是在白天还是在夜晚，承托它的背景总是那幽静且富有神秘感的蓝色。伊斯兰陵墓建筑色彩装饰上大量运用蓝色，是穆斯林工匠们努力为墓主人及情感寄托者设计展现"神"所居住的空间感受，并寓意墓主人融入蓝天，追随真主的信仰意念，同时也传达了穆斯林群众以蓝色象征为价值

图 5-13 阿玛尼莎罕陵墓的内空拱顶

图 5-14 哈密回王陵

取向，来传达对大自然的崇拜与敬重。这是在非新疆伊斯兰陵墓建筑中很少见的现象，这也从侧面映示了新疆伊斯兰宗教文化的独特个性（图5-15）。

（四）黄色：它是居中的正统色彩，也被称为最美的色彩，是权力和收获的象征。不过新疆伊斯兰陵墓建筑色彩装饰上对黄色的选用是较为谨慎的，一些在宗教传播等方面比较有影响力的墓主人修建陵墓时，为体现墓主人的名誉和富贵之时会局部点缀黄色，所以通常采用黄色琉璃砖点缀、镶嵌陵墓建筑，寓意墓主人至高无上的名誉和对伊斯兰教信仰的忠诚（图5-16）。

新疆伊斯兰教建筑色彩装饰是从色彩的自然规律中高度提炼而来的，其表现形式自由而夸张，具有很高的精神层次。新疆伊斯兰陵墓建筑色彩装饰不仅给观者以视觉愉悦感，关键是其装饰色彩的搭配组合，颠覆和摆脱了传统自然色彩规律的束缚，将色彩搭配升华、凝聚为一种民族精神意识，给新疆伊斯兰陵墓建筑的整体环境气氛起到了显著的装饰作用。

图5-15　玉素甫·哈斯·哈吉甫陵墓1

图5-16 玉素甫·哈斯·哈吉甫陵墓2

第六章　新疆伊斯兰陵墓建筑"文化综合体"现象

第一节　佛教窣堵坡与新疆传统结构之缘

"窣堵坡"作为印度佛教建筑艺术的一种代表类型，它在对世界建筑的影响上却超越了对印度本地区的局限，涉及并影响到了东南亚、中国乃至整个东方。"窣堵坡"原意是指佛祖释迦牟尼火化后埋葬舍利的建筑，也可以说"窣堵坡"就是"墓冢"的意思。关于探寻"窣堵坡"的起源，较为客观说法是释迦牟尼坐化菩提树下，信徒纷纷前往菩提树下朝拜，并将释迦牟尼层层叠叠套了起来。菩提树长得又大又高，死后就形成了"窣堵坡"的原形。这种形式在印度的"孔雀王朝"时期极为盛行，开始主要是为纪念佛祖释迦牟尼，但随着佛教的迅速传播和发展，在佛教盛行的地方也建起很多"窣堵坡"形式的墓冢来供奉佛舍利。"窣堵坡"半球形、无内部空间的穹顶形制象征着来生的轮回与极乐（图6-1、图6-2）。

图6-1　印度窣堵坡的典范——桑奇大塔

图6-2　新疆窣堵坡遗址

公元4~5世纪，佛教在新疆得到了快速传播，同时也发展到鼎盛阶段，成为古代西域的主要信仰宗教。就在古代西域的于阗、龟兹、疏勒、高昌等中心城市，佛教建筑林立且僧侣往来众多，佛学研究盛行一时，为后人留下了丰富的古代佛教文化研究实体。这些佛教文化遗存为后期改信伊斯兰教的新疆人民留下了众多建筑参考样本，而这些佛教建筑的建造经验与装饰设计样式直接或间接地影响了后伊斯兰化的新疆建筑艺术，尤其是佛教"窣堵坡"建筑形式对新疆伊斯兰陵墓建筑结构的影响。通过对"窣堵坡"的背景与发展研究，我们不难发现它对新疆社会与建筑文化的影响，确实十分重要（图6-3）。

第二节 东伊朗系统的砖石拱顶的东渐

公元2世纪中叶，"印欧人"中发生了著名的雅利安人大迁徙，此次迁徙分为两个大方向，一支南下进入印度河流域并征服了达罗毗图人，他们被称为印度雅利安人。印度雅利安人在印度实行了严格的种族管理制度，并向当地人传播了自己的原始宗教（即印度教前身）。另一支向西进入伊朗高原并征服了亚述人和埃兰人，被称为伊朗雅利安人。伊朗雅利安人又分为进入伊朗高原西部的米底人和波斯人，及进入伊朗高原东部和中亚两河流域一带的东伊朗人。

伊斯兰教建筑文化随着丝绸之路传入新疆，在波斯和阿拉伯的史料记载中均有所反映。公元13世纪，中亚呼罗珊的著名学者阿剌丁（Alai—ed—dio Atta—Malk pjouvcin）在《世界征服者传》中记有："盖今在此种东方地域之中，已有伊斯兰教人民不少之移擅，或为河中与吸罗珊之俘掠至其地为匠人与牧人者，或因签发而迁徙者。其自西方赴其地经商求财，留居其地建筑馆

图6-3 莎车王陵局部

舍，而在偶像祠宇之侧设置礼拜堂与修道院者，为数亦甚多焉……"。①这里明确说明了伊斯兰教教徒、工匠和宗教建筑形制是来自中亚地区的。叶奕良先生也指出，我国石雕技艺和拱券结构与波斯影响有关。

充满神秘色彩的伊朗自古以来就是浪漫的波斯与伊斯兰文化的象征，其最令后人拍手叫绝的，就是精美绝伦的建筑文化艺术。圆形的砖石拱顶上各色瓷砖拼花集合了精美的图案和古兰经经文，设计巧夺天工。但随着古代"丝绸之路"逐渐形成，东伊朗人大量涌入新疆及中原腹地，开展贸易文化交流，这种精美的建筑艺术形式随之传入并迅速东渐，与新疆本土文化及中原汉文化融合、发展。今天，我们站在现代艺术设计的角度来看，新疆伊斯兰建筑的砖石拱券与东伊朗砖石拱券的这种趋同性所反映出的文化现象，是要将新疆砖石拱顶的产生背景以及建筑文化相关因素结合起来研究。实际上，新疆砖石拱顶的产生并不是一个孤立的现象，而是与整个中西方文化交融发展相互关联的，新疆的穆斯林的建筑工匠们融会贯通、积极创新取得了辉煌的艺术成就，从而形成了新疆伊斯兰陵墓建筑的地域艺术风格样式。这也是砖石拱顶结构在新疆伊斯兰陵墓建筑中的创新应用与发展，是中外文化交流与融合的演变过程，同时也是本书这一部分所要阐明的中外建筑艺术关系史（图6-4）。

图6-4 伊朗马什哈德第八伊玛目雷萨陵墓

① （德）海德格尔. 林中路（Holzwege），孙周兴译.［M］. 上海：上海译文出版社.2008，60.

第三节　与汉地砖木雕刻发展的相互渗透

张骞出使西域促使汉朝与西域建立了友好邻邦的文化交流关系，同时汉朝也开始对西域各国风土人情进行了解与研究，为西汉政府正式管辖西域打下了坚实的基础。公元前60年西汉政府为管理西域通商事务在西域建立了都护府。公元前105年，汉武帝派遣使者再次踏上追寻张骞的足迹，一路向西进入了今天的伊朗地区，并拜见了安息国国王，使臣将精美光洁的中国丝绸赠予国王，国王喜出望外以厚礼回赠汉武帝，这种原始的文化贸易交流，标志着连接东西方文化的丝绸之路正式建立。百年以来，汉朝与西域各国建立了深厚的文化交流关系，使得西域天山南北首次与中原腹地形成一体化，使中原传统的建筑砖木雕刻技艺与西域本土雕刻技艺相互渗透影响，形成了造型细节中涵盖了伊斯兰教诸多文化遗留下来的艺术特征。

（1）砖雕：就地取材烧制的黄褐色砖块是极具典型地域特色的新疆本土材料，传达了一种异样的视觉魅力。在装饰构件制作中，新疆维吾尔族工匠们对砖的雕琢是颇为讲究的，通常有三种装饰手法：首先是拼花砖装饰手法，其主要设计特征为用砖直接拼成优美的图案造型如三角花格、六边连环花格、菱形斜格等，多用于房檐和台阶等处；其次是将砖雕琢成各种几何图形后进行组合排列，在建筑的门楼边框、拱顶、尖塔等部位多有使用；再次是将砖上雕琢各种纹样图案，再按设计需要进行图案拼贴（图6-5、图6-6）。

（2）木雕：主要的雕琢创作工艺分为圆雕、透雕、贴雕三种技法。雕琢的木制建筑装饰构件主要应用在廊柱、门楼、门楣、门窗框、拱顶和屋檐等建筑部位上。柱饰是新疆伊斯兰建筑中最有代表性的木雕装饰，造型上变化丰富，工匠选

图6-5　砖雕1

图6-6　砖雕2

用优质的材料,将木料切割成多边菱形做柱身和柱头,采取多种技巧雕琢,尤以阿帕克霍加陵墓内的加满清真寺回廊柱式最具代表性(图6-7)。

新疆伊斯兰陵墓建筑以其精湛的技术工艺与独特的艺术风格,为世界建筑史绘下了一幅绚烂多彩画作。除了给人以美的享受,它们还是我们中国五千年灿烂文明的重要标志之一,它们就是一部石刻木雕的史书,时时激发我们对祖先的崇敬之心。

第四节　陵墓建筑文化的公共艺术现象

新疆伊斯兰陵墓建筑作为新疆伊斯兰教信仰民族"丧葬文化"现象的功能性实体,与新疆伊斯兰教信仰民族的生产生活是密不可分的。同时,新疆伊斯兰陵墓建筑作为建筑艺术的一个类型分类,它具有独特的公共艺术特征。不管你是否有意识或者兴趣,当你置身于一座建筑面前时,建筑或多或少的会强制性地给你植入某种审美感

图6-7　柱头木雕

受。它的造型结构、装饰设计、材料工艺等都会迫使你的大脑提出审美的感观评价。所以说建筑艺术具有其特殊的公共艺术价值，它以美为出发点将观赏性和实用性完美组合，运用设计艺术语言给建筑形象中融入文化内涵和象征意义，进而体现具有地域民族特征及历史价值的凝固体现象。

（1）公共性：城市发展的沧桑演变，无不印证了原住民在漫长的历史进程中逐渐形成的那些习俗、情感、思想，还有一些感动事件。恰恰就是这些东西把一个城市文脉和精神气质鲜活地体现出来了，长远地影响着城市的发展趋向。具体而言，通常一座城市地标性建筑所包容的地域文化内涵，以及那些建筑环境中的装饰艺术和公共艺术等，反而可以更简单直接地把一座城市的公共形象和精神文化集中体现出来。

（2）象征性：新疆伊斯兰陵墓建筑形态是新疆地域文化和民族精神的体现，这是新疆伊斯兰陵墓建筑形态所具有的象征性寓意，同时它将会引发朝拜者的联想和思考。德国著名哲学家黑格尔曾"把象征性艺术列为艺术的最初阶段"，并认为"建筑最符合象征性艺术原则"。古代西域的建造者们也主要采用象征性手法来筑造陵墓建筑，来传达对逝者的追思情感。

例如坐落于莎车县的"阿玛尼莎罕陵墓"。阿玛尼莎罕王妃是叶尔羌汗国第三代国王的妃子，也是维吾尔古典民族音乐《十二木卡姆》的收集整理者。阿玛尼莎罕王妃的墓在"莎车王墓"群的中心之地，是最有名气和地位的一位入葬者，因而人们都称这座陵墓为"阿玛尼莎罕麻扎"。陵墓高22米，修建在一座高2米、长宽各10米的正方形基座之上，墓室内墙上用石膏雕有十二木卡姆套曲名，作为新疆民族文化历史的记载，所传达的宗教理念恰恰集中体现了新疆地区伊斯兰教的传播与推广线索。"阿玛尼莎罕陵墓"在建筑风格上融入了阿拉伯建筑艺术以及中原汉文化建筑艺术的精神内涵。其陵墓建筑更为集中地象征了墓主人对新疆古典民族音乐的造诣，以一个直观的角度映射了新疆伊斯兰陵墓建筑艺术的公共象征意义。

新疆伊斯兰陵墓建筑艺术的历史演变与发展过程，多方位展现了不同时期人们在陵墓建筑艺术创作中的审美情趣与艺术趋向，它将这种特有的物质功能和艺术表现力相互组合，启示了新疆当代公共艺术发展的方向。新疆伊斯兰陵墓建筑是一门艺术，它肩负的历史责任，承载的历史、文化、艺术和穆斯林信徒美好的回忆（图6-8）。

图6-8　阿玛尼莎罕陵墓朝拜活动

第七章　典型新疆伊斯兰陵墓建筑图片赏析

第一节　香妃墓（即阿帕克霍加麻扎）

"香妃墓"陵室中，安葬着维吾尔人阿帕克霍加的一位后裔，名叫伊帕尔汗的女子，是清朝乾隆皇帝的爱妃。因其身体上散发着沙枣花的幽香，人们便称她为"香妃"，香妃去世后由其嫂苏德香将其尸体护送回喀什，并葬于阿帕克霍加墓内，因而，当地维吾尔族人称这座陵墓为"香妃墓"，同时也称为"阿帕克霍加麻扎"。它是喀什地区享有维吾尔族建筑艺术之魂的旅游胜地之一。

"香妃墓"始建于1640年代，坐落在喀什市东郊5公里处的浩罕村。墓主为喀什噶尔"霍加政权"国王、白山派首领阿帕克霍加及其家族5代72人的陵墓，占地约40亩。这座有着异域风情的古建筑群，由门殿、陵室、礼拜寺和教经堂四大建筑组成，还布局有水池、配套园林等基础设施，是典型的维吾尔族传统建筑艺术特色的古建筑群。主要平面布局为散点式的院落格局。这座具有历史内涵的古建筑群，不仅给人以浩瀚之气，更给人以异样风情的视觉感受。

古建筑群中的不同功能建筑虽然在规模、材料、形制上各有差异，但就建筑形制而言，均以四方形基座、穹窿构架为主，具有中亚伊斯兰建筑风格的基本特征。但独特的纹样形态、古琉璃砖饰及造型多变的柱式，传达出了喀什地区特有的文化理念，并在装饰艺术、表现方式上，形成了新疆南疆地区独特的伊斯兰建筑装饰图语，使"香妃墓"的建筑文化形态具有更高的艺术识别性。

由于"香妃墓"所处的特殊地理位置，其装饰语言涵化于西欧古典建筑艺术与伊斯兰建筑艺术之中，其装饰纹样变化丰富，设计手法巧妙，造型奇妙。以一种极具想象力的艺术手法，将抽象、反复、无限的装饰意念融入建筑中，给予"香妃墓"古建筑群异样的图形寓意，构筑了与其他陵墓建筑装饰不可等同的艺术价值。研究该建筑不仅具有研究新疆装饰艺术本身的意义，而且对中西方文化融合等多方面的深层文化研究更具有价值。它凝聚着维吾尔族人高度的智慧和技艺，作为新疆历史片段的书写者、新疆民族文化的标志之一，起到了功不可没的作用（图7-1~图7-18）。

图 7-1　香妃画像

图 7-2　香妃墓主墓室

图 7-3　香妃墓陵园内家族墓冢

图 7-4　香妃墓陵园大门

第七章 典型新疆伊斯兰陵墓建筑图片赏析

图 7-5 香妃墓陵园主墓室墓冢 1

图 7-6 香妃墓陵园主墓室墓冢 2

图 7-7 香妃墓陵园清真寺建筑柱头

图 7-8 香妃墓陵园主墓室墙面

图 7-9 墙面琉璃砖装饰

图 7-10 墙面琉璃砖装饰

图 7-11 柱头装饰

图 7-12 香妃墓陵园清真寺屋顶内部装饰

图 7-13 墙面琉璃砖装饰

图 7-14 墙面琉璃砖装饰

第七章　典型新疆伊斯兰陵墓建筑图片赏析

图 7-15　墙面琉璃砖装饰 1

图 7-16　墙面琉璃砖装饰 2

图 7-17　墙面石膏纹样装饰

图 7-18　柱式纹样装饰

第二节　莎车王陵墓（即阿勒屯鲁克麻扎）

莎车王陵墓虽历经数百年，其壁饰图案、建筑用料及结构布局仍清晰如新。它坐落于古丝绸之路重镇莎车县这个特殊的地理位置上，陵园中安葬着也是叶尔羌汗国第三代国王阿不热西提罕的妃子——阿玛尼莎罕王妃。陵墓修建的高大、精美程度，均超出了原王陵。因为她是15世纪维吾尔《十二木卡姆》的鼻祖，因阿玛尼莎罕王妃入葬在"莎车王墓"群中心之地，是王墓中最著名的入葬者，因而当地人都尊称这座陵墓为"阿玛尼莎罕麻扎"。

陵墓占地约1000平方米，其中阿玛尼莎罕纪念陵，陵高22米，修建在一座高2米、长宽各10米的正方形基座上，陵墓内部墙壁上镶有"木卡姆"十二套曲名，侧边是当年叶尔羌汗国的十三代国王的陵墓，陵园平面布局为散点式的院落式格局。

"莎车王陵墓"是具有历史内涵的古陵墓建筑群。它历经百年洗礼，其建筑形制、装饰图案仍给予当下一种异样风情和现代感的建筑之韵。"阿玛尼莎罕麻扎"融合了阿拉伯古典建筑艺术、维吾尔族本土建筑艺术以及中原汉文化建筑艺术的内在精神。在建筑设计上，运用台基座、方形体、穹窿顶以及当地民居建筑的密梁结构，形成了塔形建筑体量，在装饰上以建筑自有材料特质雕刻文字、植物和几何形态纹样来装饰建筑主体。这些精美的构建和装饰传达了墓主人"阿玛尼莎罕"特有的精神文化内涵及音乐造诣，形成了独特的新疆伊斯兰陵墓建筑装饰风格。

"莎车王陵墓"作为新疆历史的记载，是民族文化的标志，所表达的宗教理念是伊斯兰教在新疆境内传播的一个明证。其陵墓建筑的空间装饰的庄重和巧妙，装饰纹样与色彩搭配的高雅和华美，充分传达了民族传统视觉艺术的特征。它以一种生生不息的活力，倾注着反复、抽象、无限的意念，传达了新疆地区特有的文化理念，在艺术表现方式上含有特殊的新疆伊斯兰风格的建筑语意。这座精致高雅的陵墓建筑如一曲凝固的乐章，凝聚着这里勤劳勇敢的维吾尔族人民高度的智慧和技艺，是新疆传统伊斯兰陵墓建筑装饰艺术成就的综合体之一（图7-19~图7-32）。

第七章 典型新疆伊斯兰陵墓建筑图片赏析

图 7-19 莎车王陵园内主墓室 1

图 7-20 莎车王陵园内主墓室 2

图 7-21 莎车王陵园装饰 1

图 7-22 莎车王陵园装饰 2

图 7-23 "莎车王陵园"内"阿玛尼莎罕陵墓"主墓室 1

图 7-24 "莎车王陵园"内"阿玛尼莎罕陵墓"主墓室 2

图 7-25 阿勒屯鲁克麻扎大门

图 7-26 莎车王陵园内主墓室

图 7-27 木窗纹样装饰

图 7-28 木窗纹样装饰

图 7-29 蓝白琉璃砖装饰

图 7-30 砖饰拼花装饰

图 7-31 几何纹样墙面装饰

图 7-32 石膏纹样装饰

第三节　速檀·歪思汗陵墓

在阿布热勒山北坡下的伊宁县麻扎乡，有一处占地百亩的陵墓，这里风景宜人、白杨参天，簇拥着几棵百年古榆，远远望去，郁郁葱葱、青翠欲滴。绿树丛中掩映着一座古老的中国亭阁式建筑，皈依伊斯兰教的传奇蒙古汗王速檀·歪思汗据传就葬于此地。

速檀是阿拉伯文"Sultan"的音译，意为"君主"或"统治者"。"麻扎"是阿拉伯语的音译，意思是"圣地"、"圣徒墓"。新疆信仰伊斯兰教各民族所说的"麻扎"，通常泛指坟墓。有些地方历史上的宗教名人或汗王的坟墓常被后人神化，成为具有宗教意义的麻扎和一方信教群众朝拜的圣地。速檀·歪思汗麻扎就是其中闻名遐迩的麻扎之一。

陵园四周青山环列，一溪碧水横流，绿树掩映，景色秀丽。速檀·歪思汗的陵寝为土木结构的亭阁式建筑。第一、二、三层是方形，第四层呈六角形，历经风雨侵蚀，显得很苍凉；陵顶为拱形，两面窗户为圆形雕棂，窗额用绿色釉砖镶砌，并有阿拉伯文伊斯兰颂辞。底层的流檐由20根木柱支撑，飞檐饰以鸱吻，顶部覆盖琉璃瓦，竖着典型的伊斯兰图案——新月。在蓝天白云衬托下，阳光映耀，熠熠生辉。陵寝北侧20米处另有一处土坟，据传是速檀·歪思汗母亲之墓。陵园内还有南北排列的伊斯兰教徒陵墓。旁边规模宏大的清真寺更增添了这里的宗教色彩和气氛，使整个陵园幽静、肃穆。朝拜麻扎是新疆部分穆斯林的独特宗教习俗。

到了清代中期，伊犁的维吾尔族人大量增加，麻扎朝拜之风有了大的发展。特别是嘉庆年间，清政府实行开放的宗教政策，提倡修建庙宇祠堂，无形中促进了朝拜麻扎之风。伊宁县的速檀·歪思汗麻扎就是此时开始闻名的。据伊犁史学家赖洪波先生考证，速檀·歪思汗麻扎的现存建筑在1876年重修，当时由"维里内依"等教友捐资，聘请内地汉族工匠所造，所以建筑风格受中原汉文化的影响，是新疆为数不多的汉式风格的伊斯兰陵墓建筑，整个陵园深邃、幽静、肃穆，具有浓重的宗教色彩和气氛（图 7-33~图 7-36）。

第七章 典型新疆伊斯兰陵墓建筑图片赏析

图 7-33 速檀·歪思汗主墓室 1

图 7-34 速檀·歪思汗陵园大门（大门为近现代修建）2

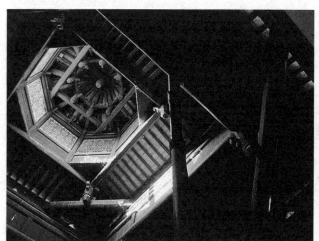

图 7-35 速檀·歪思汗主墓室内部天顶 1

图 7-36 速檀·歪思汗陵园内墓冢 2

第四节　哈密回王陵

"哈密回王"是指清代统治哈密地区的维吾尔族王爷，公元 1696 年康熙统兵御驾西征，"额贝都拉"（第一代哈密王）捐献物资犒赏清军，率军参与讨伐噶尔丹，因"额贝都拉"功绩显著，康熙封他为哈密的最高首领，坐镇哈密，从而开启了历经九代、为期长达 233 年之久的哈密回王史。因而，对其陵墓建筑装饰艺术进行研究，就显得颇具价值。"回王陵"建筑作为历代"回王"归真之地，是地域文化演变与发展的见证。"回王"们无不对陵墓的建造设计精心构筑，因为这不仅寄托了对逝者的追思，也是体现逝者生前的身份、地位及对后世的夙愿。巡阅这座神秘的伊斯兰陵墓建筑群，其宏达壮观的建筑规模、丰富多样的建筑风格和富于个性的装饰图元形态，传达了新疆哈密地区特有的文化理念，形成了它独特的伊斯兰建筑风格装饰，成了新疆哈密地区伊斯兰建筑文化的代表之作。

哈密"回王陵"位于现今新疆哈密市区南郊，整个陵墓建筑群占地面积约 20 亩，四周围墙高耸。建筑群主要由三部分组成：第一部分"大拱拜"，墓室里埋葬着七世、八世"回王"及其家人，此墓为典型的伊斯兰风格陵墓建筑，上圆下方，建筑高约 18 米，面积 1500 平方米；第二部分是位于陵园南侧的"小拱拜"，由两座陵墓组成，墓室内分别埋葬着九世回王和辅佐九世回王的台吉及家人，两座陵墓平面基座均为正方形，一大一小，高低错落，八角形和圆形尖顶亭榭式木构造型，是维、汉、蒙、满等民族建筑艺术特征的融汇与再现，也是多元文化相融合的历史见证；第三部分为"艾提卡大礼拜寺"，礼拜寺东西长 60 米，南北宽 36 米，占地 2200 平方米，可容纳 4000 人之多，寺内挺拔的大红色柱式支撑平顶，共有 108 根之多，天花板上彩绘了丰富的植物纹样。由于礼拜寺面积较大，为方便采光，共开了四处天窗，墙壁上书写了大量的古兰经经文纹样，给人一种雄伟壮观、素雅庄重之感。

一、陵墓建造风格的多元融合

在漫长的历史长河中，新疆各民族在皈依信仰伊斯兰教后，或多或少地保留和继承了一些之前信仰过的宗教习俗。虽然在正统的伊斯兰教教义中是严厉禁止陵墓建造与朝拜的，但这种现象却客观地存在于新疆各民族伊斯兰信教徒的现实生活中。多种宗教文化习俗以伊斯兰文化为背景融合交汇，集中体现在哈密"回王陵"建筑的修建与装饰设计上。陵墓将维、汉、蒙、满等民族的建筑形制及美学风格体系融会贯通。如果将哈密"回王陵"与新疆其他地区的伊斯兰陵墓建筑比较，其独特之处是其建筑的形制与风格多样，给人以别具一格、独树一帜的视觉感，其独特的建筑形制与风格混搭，恰恰传达了新疆哈密地区特有的伊斯兰陵墓建筑装饰风格语意。

1. 阿拉伯式

阿拉伯式建筑风格在新疆伊斯兰陵墓建筑的建造中使用比较普及，墓室平面布局形式上多以四方体基座配以穹窿顶覆盖，给观者高耸、宽敞之感。哈密"回王陵"的大拱拜和艾提卡大礼拜寺建筑就是典型的阿拉伯式风格，穹窿圆形屋顶上筑有小亭样式，建筑四角设置有半镶入式邦克楼形圆角柱，柱身直立或略做收分，每座"邦克楼"都配以一轮铁柱高擎的新月，大拱拜及礼拜寺的外墙正立面富有规律地筑造了龛形装饰，使建筑更具立体感和层次感。四周墙面平直砌筑、简洁大方、烘托主体，配以白色及白底蓝花琉璃砖贴面，间以黄、绿二色琉璃砖镶嵌。大拱拜及礼拜寺的内部形制造型简洁明快，最引人注目的应该是礼拜寺内那108根大红色的柱子了，自然而富有规律的排列手法，给观者一种强烈的形式美感，与礼拜寺内平直的墙壁产生了强烈的对比效果，显得格外富丽堂皇且庄严肃穆。

2. 多元融合式

伊斯兰教传入新疆初期，建造者对建筑没有统一的建造标准及设计风格，所以直接拷贝其他民族建筑的风格样式，稍加进行一些针对宗教活动必需的空间改造，便可使用。哈密作为"丝绸之路"重镇，各民族在这里和睦相处，共同发展。所以部分信仰伊斯兰教的民众受汉、蒙、满式建筑艺术直接或间接的影响。哈密"回王陵"的小拱拜就是典型的多元建筑风格相融合的产物。现存的两座木质拱拜，在建筑形式上，以阿拉伯式的穹窿为基础，用新疆生土为材料垒砌穹窿顶，同时吸收了内地八角攒尖顶及蒙古式盔顶的木质结构建筑形式，将多种风格融为一体，在新疆的伊斯兰陵墓建筑中极具特色，是中原汉文化、满蒙文化、本土文化和伊斯兰文化相融合的代表作。总体上看，该陵墓建筑主要特点为：具有明确的中心轴线，强调对称平衡的视觉关系，造型通常为多层檐歇攒山顶的亭阁形式，主墓室为纵深四方形平面，亭阁式的圆形或八角尖顶与卷棚顶组成，建筑整体高耸挺拔，底部面积偏小，顶部层层叠叠且坡面偏大，便于避雨防寒所用，吸收了中原传统汉式建筑中的大屋顶样式风格。因而，哈密"回王陵"的小拱拜在建筑风格的独特个性，已成为新疆伊斯兰陵墓建筑样态中一朵灿烂的奇葩。

二、陵墓界面设计的装饰纹样

"纹样"具有装饰和美化生活的功能，在设计艺术中承担着至关重要的作用。将纹样作为建筑装饰节奏和虚实等审美理念的建构，来传达一种生活的追求及信仰，透露出一股独特的民族个性。纵览哈密"回王陵"建筑装饰艺术，我们从中发现了大量的几何纹样、植物纹样、文字纹样为母本的装饰图元，但却很难看到绘画或雕刻等真正足以体现造型艺术的作品。这是因为，伊斯兰教装饰纹样的题材在《古兰经》中有十分严格而明确的规定。哈密"回王陵"建筑界面就以这三种纹样为元素设计装饰，这不仅遵循了伊斯兰教的教义，又顾及了墓主人生前所处的生活状态和地域环境特征，呈现了新疆地区独有的多元民族文化现象，进而强化了哈密"回王陵"建筑独有的装饰纹样艺术特色，也巧妙传达了地域民族的装饰审美取向。

1. 几何纹样

几何纹样在哈密"回王陵"的三座主体建筑的装饰界面上，主要以多角式、格子式、锯齿式、回环式四种形式装饰在门、窗、柱之上，纹样变化多端且密集丰富。几何纹饰就是以圆形、三角形、方形、菱形、十字形等几何形状为基础，加以对角线、经纬线和中心圆的运用，进行交叉组合，最终达到密集、丰富的效果，令人惊叹不已。如将这些几何纹样向心聚合变换，会呈现出一种放射、离散的视觉效果。二方连续与四方连续的几何纹样的运用使得建筑装饰呈现出一种繁密华丽的视觉感受。这种几何纹样的布局可以是无中心的纹样扩大，也可以围绕一个或两个中心向外延展扩充纹样，具有点、线、面相结合的形式特征，最终形成了优美繁复的几何纹样装饰。那种无始无终而反复的直线、折线、曲线组合，瞬间爆发出一种神秘而动人的变化。

2. 植物纹样

设计构建哈密"回王陵"的这些能工巧匠们谨记教义规定，他们从大自然丰富多样的植物花卉中精挑细选、归纳总结、提取创作了极为丰富多变的植物图案样式，各种卷草与花卉按一定的排列规律、重叠交错、疏密适当、节奏鲜明。点、线、面的视觉中心以连绵不断的植物藤蔓相互连接，形成了一副极具动感的装饰界面，表现出一种沉着而安定的情感心理。将常见的植物葡萄、石榴花、无花果、巴旦木、波斯菊、蔷薇花、木棉花等作为纹样母体，平面构图多以中心向外扩散式。最终构成"回王陵"建筑立面、圆顶、门窗、廊柱等建筑界面上连绵不断的装饰效果，充分展现了新疆伊斯兰教信仰民众的审美情怀，以植物纹样那种自然纯朴的方式来传达伊斯兰教信徒的心愿与祈求。

3. 文字纹样

阿拉伯文字的发展经历了从具象到抽象、从繁体到简体的演变转化过程。文字演变转化过程也就是从感性向理性的造型嬗变过程。这些以传统阿拉伯书法为母本、以古兰经教义为撰写题材所提取的文字纹样已大量运用到哈密"回王陵"建筑的立面装饰上。无论哪种风格的伊斯兰建筑艺术，因其文字、纹样符号的点缀与运用，其建筑中便自然而然地有了一股浓郁的阿拉伯情趣，可谓是一种形神兼备的艺术传达。哈密"回王陵"建筑装饰艺术中丰富多样的文字纹样，以装饰题材组成纹样图案，文字设计组成的图形、方形、圆形、半圆形、菱形、长方形、异形等为基础，以浅浮雕效果来突出文字的形式感，在整体上与植物纹样、几何纹样装饰浑然一体（图7-37~图7-44）。

第七章　典型新疆伊斯兰陵墓建筑图片赏析

图 7-37　哈密回王陵主墓室

图 7-38　哈密王历史博物馆（大门为近现代修建）

图 7-39　哈密回王陵墓

图 7-40　哈密回王陵墓门楼

图 7-41 哈密回王陵内建筑装饰 1

图 7-42 哈密回王陵内建筑装饰 2

图 7-43 哈密回王陵墓室结构 1

图 7-44 哈密回王陵墓室结构 2

第五节　盖斯墓

新疆各地区的伊斯兰陵墓建筑，受文化传统、生活习俗和技术手段的限定，存在着各自的文化差异，而陵墓建筑作为先贤归真之地，更是保留着本民族与地域文化的内容。无论任何阶层，对陵墓的建造都是精心构筑。陵墓对伊斯兰教徒来说，不仅寄托了对逝者的追思，也体现逝者生前的身份、地位及对后世的夙愿。位于哈密市西郊的"盖斯墓"又称"圣人墓"，是中国境内为数不多的伊斯兰教"先贤"陵墓，在中国伊斯兰教徒中影响力极大，墓中埋葬着唐朝贞观年间，伊斯兰教先知穆罕默德的弟子"盖斯"。这座神秘的绿色穹窿顶陵墓建筑，虽然建筑规模不大、装饰材料手法不多，但就表现形式而言，方形基座及穹窿式的圆顶构架、独特的图案形态和富于装饰的单纯色彩，传达出新疆哈密地区特有的文化理念，形成了它特有的伊斯兰建筑空间与装饰风格，成为哈密地区伊斯兰建筑文化的象征之一。

"盖斯墓"占地 8 亩，坐北朝南，土木结构，整个墓地为长方形（南北狭长），后部为盖斯墓主体建筑。"盖斯墓"东西长 22 米，南北宽 12 米，通高 15 米，基座方形，圆形拱顶，分上下两部分，上部为拱式圆顶，用绿色琉璃砖贴面，下部为方形；外部建有回廊，南北各有 7 根，东西各有 6 根木柱支撑，四周有 50 厘米高的木栏围起，结构精致，形体威严。远远望去就像是一颗光芒闪耀的绿玛瑙，镶嵌在哈密的绿洲上，具有浓厚的伊斯兰建筑风格，是伊斯兰教信徒朝拜的重要圣地之一。

总之，"盖斯墓"是新疆历史的记载，是民族文化的标志。基于墓主的特殊身份和在历史文化中不同寻常的地位，所表达的宗教理念是伊斯兰教在新疆境内传播的一个明证。其陵墓建筑空间中的"圆"与"方"体现了建筑的庄重典雅、"廊"与"柱"在建筑空间格局上给予巧妙的划分，装饰搭配高雅广阔、华美朴素，充分传达了民族传统视觉艺术的特征。它以一种生生不息的活力，倾注着反复、抽象、无限的意念，传达了新疆地区特有的文化理念，在艺术表现方式上含有特殊的新疆伊斯兰风格的建筑语意，是新疆传统伊斯兰陵墓建筑装饰艺术的成就之一（图 7-45~图 7-48）。

图 7-45 盖斯墓主墓室

图 7-46 盖斯墓

图 7-47 盖斯墓陵园墓冢

图 7-48 盖斯墓陵园墓冢及大门

第六节　吐虎鲁克·铁木尔汗陵墓

吐虎鲁克·铁木尔汗陵墓位于伊犁霍城县西北，是元代成吉思汗第七世孙的陵墓。公元1346年，年仅18岁的铁木尔汗被拥为东察合台汗国君王，并在24岁时信奉了伊斯兰教。他是新疆地区一位富于传奇色彩且信奉伊斯兰教的蒙古汗王。1363年，年仅35岁的吐虎鲁克·铁木尔汗身亡后按穆斯林习俗安葬。1363~1369年在当时的汗国首府阿里麻里城为他修建了纪念性建筑——王陵。

此陵室为二层，是在墓体上建房，主体以砖料建制。采用方形体上冠穹窿顶的手法，室内设帆拱使穹窿顶向方形过渡，大门面呈东方，房体宽约11米，纵深16米，顶高14米。正门墙壁用各种彩色琉璃砖、马赛克镶砌，门额龛形上有阿拉伯伊斯兰教颂词，龛内"窗"为长方形，"窗"额由绿色釉砖镶砌，图形装饰十分考究。殿内无木柱横梁，穹窿形制由砖坯垒砌而成，四壁空阔，可由阶梯登临顶部。整个建筑虽然规模不大，但肃穆宏丽，民族色彩鲜明，具有浓厚的伊斯兰建筑风格（图7-49~图7-63）。

图7-49　吐虎鲁克·铁木尔汗陵墓两座主墓室

图7-50　吐虎鲁克·铁木尔汗陵墓主墓室

图7-51　吐虎鲁克·铁木尔汗陵墓墙面琉璃砖雕纹样装饰

图 7-52 吐虎鲁克·铁木尔汗陵墓主墓室

图 7-53 吐虎鲁克·铁木尔汗陵墓主墓室

图 7-54 吐虎鲁克·铁木尔汗陵墓墓室穹窿顶

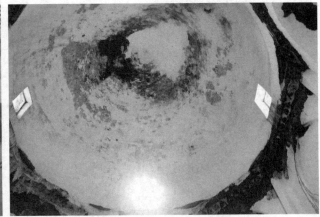

图 7-55 吐虎鲁克·铁木尔汗陵墓墓室穹窿顶

第七章　典型新疆伊斯兰陵墓建筑图片赏析

图 7-56　吐虎鲁克·铁木尔汗陵墓主墓室墓冢

图 7-57　吐虎鲁克·铁木尔汗陵墓主墓室墓冢

图 7-58　吐虎鲁克·铁木尔汗陵墓墙面阿拉伯伊斯兰教颂词

图 7-59　吐虎鲁克·铁木尔汗陵墓墙面马赛克砖纹样装饰

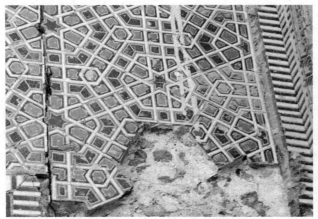
图 7-60　吐虎鲁克·铁木尔汗陵墓墙面马赛克砖纹样装饰

图 7-61　吐虎鲁克·铁木尔汗陵墓墙面绿色釉砖纹样装饰

图 7-62　吐虎鲁克·铁木尔汗陵墓墙面绿色釉砖纹样装饰

图 7-63　吐虎鲁克·铁木尔汗陵墓墙面绿色釉砖纹样装饰

第七节 默拉纳额什丁陵墓

在中国雄鸡似的版图上,新疆阿克苏地区犹如一绺漂亮的尾羽。她曾是世界四大文明的交汇点、中国21世纪的能源基地、中国西部最值得光顾的旅游区、龟兹文化、多浪文化的发源地。她不但因古丝绸之路而名留青史,更因拥有得天独厚的资源和经济的迅速崛起而成为世人关注的焦点。

默拉纳额什丁陵墓亦称默拉纳和卓陵墓,坐落于阿克苏地区库车县新老城之间。默拉纳是圣人后裔的意思。额什丁相传为伊斯兰教之始祖,在宋理宗时来库车传播伊斯兰教,死后葬此。建有祠宇、分祠门、祠堂、墓门和墓室四部分,全部以绿色琉璃砖装饰,是典型的伊斯兰教建筑,颇为壮丽。祠西廊下有匾额,上书"天方列圣"四个大字,两旁有题记,为清光绪七年李蕃所题(图7-64~图7-77)。

图7-64 默拉纳额什丁陵墓清光绪七年李蕃所题匾

图7-65 默拉纳额什丁陵墓简介

图7-66 默拉纳额什丁陵墓建筑几何纹样装饰

图7-67 默拉纳额什丁陵墓建筑形制

图 7-68 默拉纳额什丁陵墓 1

图 7-69 默拉纳额什丁陵墓 2

图 7-70 默拉纳额什丁陵墓 3

第七章 典型新疆伊斯兰陵墓建筑图片赏析

图 7-71 默拉纳额什丁陵墓建筑几何纹样装饰及形制 1

图 7-72 默拉纳额什丁陵墓建筑几何纹样装饰及形制 2

图 7-73 默拉纳额什丁陵墓建筑结构

图7-74 默拉纳额什丁陵墓建筑几何纹样装饰及形制　图7-75 默拉纳额什丁陵墓建筑结构

图7-76 默拉纳额什丁陵墓建筑纹样装饰　图7-77 默拉纳额什丁陵墓主墓室墓冢

第八节　萨图克·布格拉汗陵墓

萨图克·布格拉汗陵墓是新疆地区喀喇王朝第一位信奉伊斯兰教的可汗的陵墓，位于新疆阿图什市逊塔克乡。该麻扎始建于955~956年，为新疆伊斯兰教最早的麻扎。据传，初建的拱顶坍塌后，曾重新建高大的九顶拱顶。曾分别于叶尔羌汗国时期和1872年进行重建和扩建。1944年再次毁于洪水。整体建筑占地约20亩。由拱顶、清真寺、经文学校、大门、水池等组成。礼拜大殿修建于1902年，土木结构，方体平顶，由57根雕花木柱支撑。拱顶砖木结构，方体尖顶。门东向，三面开有拱形窗。墙面用砖拼成多种几何图案，线条流畅，造型别致。不远处有一座木栅围护的坟头，据传为萨图克的宗教启蒙者艾布·奈斯尔·萨曼尼的麻札。在新疆和中亚穆斯林中享有很高声望。

公元15世纪以来，和卓、依禅多来此拜谒或结庐隐修，至今拜谒者络绎不绝。该麻扎维吾尔建筑风格较为典型，门楼拱顶均采用传统的建筑造型，古朴而典雅，尤其门楼两侧的塔柱较有特点，不同于一般的塔柱。高耸入云，其高度是门楼的一倍，给人印象深刻。礼拜大殿内57根雕花木柱，色彩艳丽（图7-78~图7-80）。

图7-78　萨图克·布格拉汗陵墓主墓室

图7-79　萨图克·布格拉汗陵墓青花琉璃砖装饰1

图7-80　萨图克·布格拉汗陵墓青花琉璃砖装饰2

第九节 奥达木陵墓

奥达木陵墓在一个离喀什 100 公里的小沙漠里,在疏勒县境内。据记载公元 998 年就存在了,距今已经一千多年。听当地老者说,原来这里住有 80 多户人家,周围全是小沙丘,虽在疏勒县境内,但从其所在方位可以穿过沙漠分别到达相邻的岳普湖县、莎车县、英吉沙县、麦盖提县。

陵墓坐落在四面环沙丘的平地,有几十间房子,南面的沙丘上有两处高高的树状木杆束,上面挂满了各色的布条,在寂寞的沙漠上空随风飘展。这是新疆陵墓麻扎的标志,因为这里是圣地,在当地人们心目中是无比神圣的地方,也是求福赐福的地方,人们前来朝拜时会祈福,把布条扎在高高的木杆上。千年来沙子将院子埋了起来,约七八十平方米,已经没有了院子的概念,到处是竖立的木头柱子,满院都是沙子,门已经变成了窗子大小,旁边有一块水泥牌,可以看出这是疏勒县的重点文物保护单位。在牌子的对面还有一座清真寺(图 7-81~图 7-83)。

图 7-81 奥达木陵墓

图 7-82 奥达木陵墓主墓室 1

图 7-83 奥达木陵墓主墓室 2

第十节　玉素甫·哈斯·哈吉甫陵墓

喀什玉素甫·哈斯·哈吉甫陵墓，坐落在喀什市内体育路，占地965平方米。墓主是11世纪中期的维吾尔族诗人、学者玉素甫·哈斯·哈吉甫。他生于1019年，卒于1080年左右。

公元1070年前后，他用古回鹘文写成了一部长达13000余行的叙事长诗《福乐智慧》。这部长诗内容丰富，语言生动，涉及当时政治、经济、文学、历史、地理、数学和医学等，是一部大型历史文献，对后世的文学创作产生了巨大影响，受到国内外史学界的重视。陵墓坐北朝南，呈长方形，正门宽4.2米，高8米，正门两侧各有一座高达8.7米的圆柱形塔楼，陵墓由墓葬群、门楼和主墓室组成。主墓室外方内圆，上覆穹窿顶，顶正中有一个小塔楼。陵布局独特、宏伟，装修古朴、肃穆，具有浓郁的民族风格（图7-84～图7-90）。

图7-84　玉素甫·哈斯·哈吉甫

图7-85　玉素甫·哈斯·哈吉甫陵墓简介

图 7-86　玉素甫·哈斯·哈吉甫陵墓门楼

图 7-87　玉素甫·哈斯·哈吉甫陵墓主墓背面

图 7-88　玉素甫·哈斯·哈吉甫陵墓主墓室墓冢

图 7-89　玉素甫·哈斯·哈吉甫陵墓主墓室墓门

图 7-90　玉素甫·哈斯·哈吉甫陵墓主墓室墓冢青花砖

第十一节 阿不都热合曼王陵

阿不都·热合曼王陵墓，位于莎车县托木吾斯塘乡加依铁列克村，始建于清乾隆十七年（1752年），1990年12月定为自治区级文物保护单位。王陵上为琉璃砖贴面的拱形圆顶，下部为方形，外有几何装饰图案。

基本形制为圆顶、穹窿、拱券结构形制，平面布局以四合院形式为基础，几何纹样、植物纹样和文字书法纹样三个基本纹样元素在进行点缀装饰。强调整齐与对称、重复与连续、集密与复杂的纹样装饰表现形式，图形与符号种类繁多，姿态各异，是地域文化生活的追求，也是艺术设计中节奏、虚实、集聚等审美理念的建构，更是抽象、平面、寓意联想等思维方式的表达（图7-91~图7-98）。

图7-91 阿不都热合曼王陵1　图7-92 阿不都热合曼王陵2　图7-93 阿不都热合曼王陵3　图7-94 阿不都热合曼王陵墓装饰纹样

图7-95 阿不都热合曼王陵墓群1　　　　　　　　图7-96 阿不都热合曼王陵墓群2

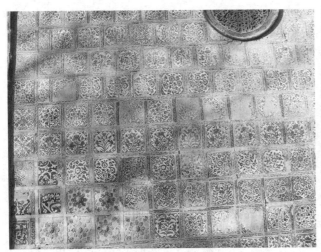

图 7-97　阿不都热合曼王陵墓墙面装饰纹样　　　　图 7-98　阿不都热合曼王陵墓装饰纹样

第十二节　吐峪沟麻扎村

"吐峪沟麻扎村"这个蕴含着丰富人文资源的古村庄,坐落在著名的火焰山脚下,是中国第一个伊斯兰教圣地,号称"中国的麦加",同时它还是佛教传入中国的重要驿站,其山沟中的千佛洞是新疆著名的三大佛教石窟之一。村庄里完好的生土建筑群,完整地保留了古老的维吾尔族传统建筑文化及民俗风情,堪称"中国生土建筑博物馆"。

在古老的麻扎村中,当地的穆斯林有一种说法,朝觐者到麦加朝圣前一定会先到吐峪沟麻扎。公元 7 世纪穆罕默德创立了伊斯兰教后,其弟子叶木乃哈等五人来中国传教,一路东行来到吐鲁番,遇到一位携犬的牧羊人,他也成为第一个信仰伊斯兰教的中国人。一行人随后便结伴同行来到吐峪沟,在一山洞中修行,六人一犬最终成圣。后人将他们葬于此洞,洞内现存六个土坟和一块不规则的石头,石头的形状有点象犬,后人便将它代表与圣贤同行的牧羊犬。因此,吐峪沟麻扎又有"七圣贤墓"之称,全称为"吐峪沟艾斯哈布凯海夫"(波斯语,意为"圣人住的洞穴",也有翻译为"阿萨吾勒开裴麻扎"),在伊斯兰教圣地中有显赫的地位,是新疆最古老、最著名的麻扎陵墓之一。至今,这片墓地还受到穆斯林的敬拜,对于虔诚的穆斯林而言,它颇有灵性,可以帮助他们解脱危难(图 7-99~图 7-102)。

第七章　典型新疆伊斯兰陵墓建筑图片赏析

图 7-99　吐峪沟麻扎村

图 7-100　吐峪沟七圣贤墓

图 7-101　吐峪沟麻扎群

图 7-102　吐峪沟麻扎

第八章 结语

"陵墓建筑"是人类进入文明时代的重要标志之一。自古认为"万物有灵",人生在"送终"之后,灵魂不灭,将永存于"冥间",如生前一样生活,亦能自由往来于人世之间,故"视死如生",崇宗敬祖,时时奉祭,世代相传成为习俗[1]。在漫长的历史演变和发展过程中,这种专供安葬和祭祀悼念死者使用的建筑类型——陵墓建筑逐渐形成,新疆伊斯兰陵墓就是这种建筑的标志性代表之一。从公元9世纪末至今,伊斯兰教传入西域千余年来,带动了新疆伊斯兰陵墓建筑的迅速发展,其建筑中蕴涵了大量的物质文化及艺术价值,它是一个包容性极强、内容极为丰富的文化综合体。

新疆伊斯兰陵墓建筑艺术最典型的特征是中西文化交融合璧,将阿拉伯文化与新疆本土文化及中原汉文化集于一身的创新模式。外墙面上精美的建筑形制构件与蓝白青花瓷琉璃砖组合堪称完美,植物纹样、文字纹样相互穿插点缀其间。门窗上连绵有序的几何纹样丰富而多变,富有内涵的色彩装饰搭配,给建筑以神秘之感。本书关注的重点就是新疆伊斯兰陵墓建筑形制构件、装饰风格、装饰纹样及色彩寓意传达的研究,多元文化对新疆伊斯兰陵墓建筑产生的巨大影响以及这种影响的存在方式。

新疆伊斯兰陵墓建筑虽然就建筑的规模及装饰材料而言,的确由于地域、民族、习俗差异等各有不同,但就展现形式而言,大都是以四方形基座配以穹窿式的圆顶构架、独特的图元形态和富于装饰的色彩传达。圆形拱顶通常以砖块及瓷砖为材料建造,也有的陵墓则直接为平顶,四周围木制棂窗为建筑墙体。陵墓周围的墓冢多以生土夯筑,墓室多为四方形基座,四隅通常各筑有一座邦克楼。墓室正中穹窿式圆顶与墙壁上常用琉璃砖瓦装饰贴面,穿插点缀着植物纹样、几何花纹及文字纹样。有些墓室圆顶内部粉刷白灰白漆,有些布满以红色为主的粗花纹彩画。这些看似有秩序又似乎平淡的装饰元素,增强了装饰的作用和价值,在艺术表现方式上突出了新疆伊斯兰陵墓建筑独特的装饰风格和寓意设计。

新疆伊斯兰陵墓建筑是世界建筑历史上的

---

[1] 杨道明.陵墓建筑.[M].北京:中国建筑工业出版社.2004,12.

一朵璀璨的奇葩。它是地域民族历史文化的象征。基于新疆伊斯兰陵墓建筑艺术的特殊历史文化背景及地位，所表达的宗教价值理念是伊斯兰教在古代西域境内传播的明证，是新疆文化的纪念碑，它是古代西域制作工艺、艺术技巧的智慧结晶，它的建筑形制风格、图元符号以及色彩运用是地域民族的性格展示，同时也为新疆伊斯兰陵墓这种特殊的建筑艺术类型，增添了多元自由的艺术形态与装饰语汇。今天我们巡阅这些古老而传统的新疆伊斯兰陵墓建筑，仿佛梦回于古老的民族建筑艺术长河之中，那丰富多彩的艺术文化内容，强化了它的艺术魅力，给后人研究和学习新疆文化艺术发展史提供了实物佐证和形象启迪。

参考文献

书籍资料

[1] 张胜仪. 新疆传统建筑艺术. [M]. 乌鲁木齐：新疆科技卫生出版社.1999.
[2] 杨克礼. 中国伊斯兰百科全书. [M]. 成都：四川辞书出版社.1994.
[3] 热依拉·达吾提. 维吾尔麻扎文化研究. [M]. 乌鲁木齐：新疆大学出版社.2001.
[4] 周菁葆. 丝绸之路艺术研究. [M]. 乌鲁木齐：新疆人民出版社，1994.
[5] 城一夫. 东西方纹样比较. [M]. 北京：中国纺织出版社.1993.
[6] 仲高. 西域艺术通论. [M]. 乌鲁木齐：新疆人民出版社.2004.
[7] 周菁葆. 丝绸之路艺术研究. [M]. 乌鲁木齐：新疆人民出版社.1994.
[8] （瑞典）贝格曼. 新疆考古记. [M]. 乌鲁木齐：新疆人民出版社.1997.
[9] （苏）约·阿·克雷维列夫. 宗教史. [M]. 乌鲁木齐：新疆人民出版社.1975.
[10] 马明良. 伊斯兰文化新论. [M]. 银川：宁夏人民出版社.1997.
[11] 王嵘. 西域艺术史. [M]. 昆明：云南人民出版社，2000.
[12] [德] 克林凯特. 丝路古道上的文化. [M]. 乌鲁木齐：新疆美术摄影出版社.1994.
[13] 刘致平. 中国伊斯兰教建筑. [M]. 乌鲁木齐：新疆人民出版社.1985.
[14] [美] 阿摩斯拉普卜特. 文化特征与建筑设计. [M]. 北京：中国建筑工业出版社.2001.
[15] 常青. 西域文明与华夏建筑的变迁. [M]. 长沙：湖南教育出版社.1993.
[16] 徐清泉. 维吾尔族建筑文化研究. [M]. 乌鲁木齐：新疆大学出版社.1999.
[17] 刘敦桢. 中国古代建筑史. [M]. 北京：中国建筑工业出版社.1980.
[18] （意）马里奥·萨利. 东方建筑. [M] 北京：中国建筑工业出版社.2010.
[19] 李允鉌. 华夏意匠. [M]. 北京：中国建筑工业出版社.2005.
[20] 杨道明. 陵墓建筑. [M]. 北京：中国建筑工业出版社.2004.
[21] 李安宁. 新疆民族民间美术. [M]. 乌鲁木齐：新疆人民出版社.2006.
[22] 楼庆西. 装饰之道. [M]. 北京：中国建筑工业出版社.2010.

[23] 楼庆西. 砖石艺术.［M］. 北京：中国建筑工业出版社.2010.
[24]（法）罗兰·巴特. 符号学美学.［M］. 沈阳：辽宁人民出版社.1987.
[25]（英）G·勃罗德彭特等. 符号·象征与建筑.［M］. 北京：中国建筑工业出版社.1991.
[26] 杨秉德. 中国近代中西建筑文化交融史.［M］. 武汉：湖北教育出版社.2003.
[27] 田自秉. 吴淑生. 田青. 中国纹样史.［M］. 北京：高等教育出版社.2003.
[28] 孙新周. 中国原始艺术符号的文化破译.［M］. 北京：中央民族大学出版社.1999.
[29] 吴明娣. 中国艺术设计简史.［M］. 北京：中国青年出版社，2008.
[30]（德）威尔弗利德·科霍. 建筑风格学.［M］. 沈阳：辽宁科技出版社.2006.
[31] 王其亨. 风水理论研究.［M］. 天津：天津大学出版社.1992.
[32] 吴昊. 城市公共艺术.［M］. 北京：人民美术出版社.2012.
[33]（德）哈贝马斯. 公共领域的结构转型.［M］上海：上海学林出版社.1981.
[34] 杨晓. 建筑化的当代公共艺术.［M］. 北京：中国电力出版社.2008年.
[35] 何小青. 公共艺术与城市空间构建.［M］. 北京：中国建筑工业出版社.2013.
[36] 编委会. 中国各民族宗教与神话的词典.［M］. 北京：学苑出版社.1990.
[37]（英）S.W. 布舍尔 戴岳译. 中国美术下卷.［M］. 北京：商务印书馆.1924.
[38]（美）托马斯·李普曼. 伊斯兰教与穆斯林世界.［M］. 北京：新华出版社.1985.

期刊论文

[1] 左力光. 新疆伊斯兰教建筑装饰艺术中的多元文化现象.［J］. 乌鲁木齐：新疆社会科学.2004.
[2] 李群. 重解"麻扎"文化的图形语意.［J］. 北京：装饰，2009.
[3] 常青. 元代中国砖石拱顶建筑的嬗变.［J］. 北京：自然科学史研究，1993.
[4] 常青. 两汉砖石拱顶建筑探源.［J］. 北京：自然科学史研究.1991.
[5] 万叶. 伊斯兰建筑艺术在新疆.［J］. 北京：中国穆斯林.1982.
[6] 李丽. 新疆伊斯兰教麻扎建筑艺术特色浅析.［J］. 哈尔滨：城市建筑.2013.
[7] 莫合德尔·亚森. 新疆伊斯兰风格建筑研究.［J］. 哈尔滨：城市建筑.2008.

学位论文

[1] 桑春. 论新疆伊斯兰教建筑设计中的宗教观念.［D］. 南京：南京艺术学院.2006.
[2] 艾力江·艾沙. 阿帕克和卓麻扎研究.［D］. 乌鲁木齐：新疆社会科学院.2002.
[3] 张睿. 新疆伊斯兰麻扎建筑艺术研究.［D］. 乌鲁木齐：新疆大学.2013.
[4] 刘洋. 明代青花瓷的外销.［D］. 北京：中国社会科学院研究生院.2005.

后 记

关于撰写《新疆伊斯兰陵墓建筑艺术》一书，源于本人出身于新疆的一个信仰伊斯兰教的少数民族家庭，从小到大三十余年间被新疆丰富的传统伊斯兰视觉艺术所吸引，并在2003年工作至研究生（2011~2014年）在读期间，主持教育部2010年人文社科一般项目"新疆伊斯兰陵墓建筑艺术研究"的研究，参与课题教育部2011年人文社科项目"新疆传统建筑砖饰艺术与符号研究"和2011年人文社科项目"维吾尔传统首饰艺术研究"的研究，发表相关学术论文五篇。

首先要感谢课题组的各位教授、老师对我研究及选题给予的指导和帮助，使得我有机会研究新疆伊斯兰陵墓建筑的独特艺术现象。在各位导师的指导下，我查阅了大量的学术资料，进行了多次的实地调研，在这个过程中，使我更加了解新疆伊斯兰陵墓建筑的文化历史背景，帮助我开阔了眼界、提升了学识和学术水准，也使我的学习能力得到了一定的提高。这完全依仗师长们长期以来孜孜不倦的教导，他们的慈和温厚、治学严谨的教学风格令我钦佩不已。同时，我还要感谢所有教导过我、关心和帮助过我的同事和朋友。

本书还得到了李群教授、莫合德尔·亚森教授、朱淳教授、张晶教授、倪志琪教授的指正和帮助。在三年的研究工作中，有幸聆听了华东师范大学设计学院及国内其他学院一些优秀老师们的研究心得，他们不仅在学习上引导、帮助、激励我，还以"为人师表、身正为范"的教师道德标准教会了我做人的哲学。此外，在英文资料翻译过程中得到了中国科学院庄伟伟博士的大力帮助。在实地调研过程中，得到了新疆民宗委、喀什博物馆、莎车县文化馆、和田博物馆、伊犁霍城县委宣传部、吐鲁番博物馆等单位的领导及朋友们的积极协助。还要感谢我的研究生同学们，本书的研究过程中帮助我搜集了大量的历史文献资料。最后，在我求学的三年期间我的父母、妻子、女儿给予了我很大的帮助，无论什么时候他们都是我的坚强后盾。

由于本人自身学术水平有限，在实地调研中还遇到一些语言方面的障碍，对于新疆伊斯兰建筑艺术的深入挖掘还不够到位，课题研究及专著写作还有许多把握不好的地方，希望在日后的理论研究的过程中能够逐渐完善，同时，也希望看到本书的老师、同学们给予指正和改进的意见。